化学工业出版社"十四五"普通高等教育规划教材

风景园林计算机辅助设计

——AutoCAD 2023 & Photoshop 2023

（第2版）

仇同文　李晓君　编著

化学工业出版社

·北京·

内容简介

《风景园林计算机辅助设计——AutoCAD 2023 & Photoshop 2023》（第2版）以 AutoCAD 2023 和 Photoshop 2023 两个软件为讲述重点，在讲解方式上侧重园林景观专业的学科特点，更侧重设计软件的使用流程、绘图中的实用技巧和真实设计案例的示范讲解等。由于篇幅和专业的限制，园林景观设计表现过程中极少用到的工具和命令本书不再赘述。对于 SketchUp 和 Lumion 两个建模和场景表现软件，编者将在其他教材中进行讲述。

《风景园林计算机辅助设计——AutoCAD 2023 & Photoshop 2023》（第2版）可作为高等院校园林景观、环境艺术等专业的学生进行计算机辅助设计学习的专业教材，也可作为景观设计、环境设计等相关行业的设计人员以及想涉足园林景观计算机图纸表现行业的设计爱好者的自学参考书。

图书在版编目（CIP）数据

风景园林计算机辅助设计：AutoCAD 2023 & Photoshop 2023 /仇同文，李晓君编著. —2 版. —北京：化学工业出版社，2023.12（2025.5重印）

化学工业出版社"十四五"普通高等教育规划教材

ISBN 978-7-122-44283-3

Ⅰ．①风…　Ⅱ．①仇…②李…　Ⅲ．①园林设计-计算机辅助设计-应用软件-高等学校-教材　Ⅳ．①TU986.2-39

中国国家版本馆 CIP 数据核字（2023）第 189828 号

责任编辑：尤彩霞　　　　　　　　　　装帧设计：关　飞
责任校对：宋　玮

出版发行：化学工业出版社（北京市东城区青年湖南街13号　邮政编码100011）
印　　装：河北京平诚乾印刷有限公司
787mm×1092mm　1/16　印张14¼　字数314千字　2025年5月北京第2版第2次印刷

购书咨询：010-64518888　　　　　　售后服务：010-64518899
网　　址：http://www.cip.com.cn
凡购买本书，如有缺损质量问题，本社销售中心负责调换。

定　　价：68.00元

前　言

　　园林景观设计是一门综合性很强的学科，设计师需要了解场地现状的各种条件，并通过合理的分析、设计，力争解决地块面临的实际问题并使其满足使用需求。在这一过程中，考验的是设计师在面对设计任务时的综合素质和设计能力，包括场地分析能力、逻辑思维能力、创意构思能力等，这些是一个好的设计方案成型的必备条件，而方案构思在经过场地调研、现状分析、草图绘制、修改调整之后，需要以更加完整规范的方式表现出来。传统的手绘表现方式有一定的局限性，图纸的表达精确度和逼真度不足，而通过不同类型的计算机辅助设计类软件的组合使用，可以使图纸更加精准、方式更加多样、效果更加出众。

　　在目前大多数的园林景观设计中，以计算机辅助设计的方式去表现方案是最为常见也是效果最好的表达方式，特别是设计方案文本图册的排版、后续施工图纸的绘制更是离不开计算机软件的辅助。

　　在实际应用中，AutoCAD、Photoshop、SketchUp、Lumion软件是目前最常使用的，这些软件在不同的设计阶段和在绘制不同种类的图纸过程中都起到至关重要的作用。其中，AutoCAD是最基本的图形绘制软件，在方案设计前期平面图、立面图、剖面图的绘制中使用，并为下一步的彩色平面图等的绘制打好基础，且后续大量施工图纸的绘制更是离不开它；Photoshop是目前最常用的图像合成软件，通过此软件的使用可以完成园林景观设计的彩色平面图、彩色立面图、剖面图，还可以进行效果图的后期处理、设计文本图册的排版制作等工作；而SketchUp和Lumion则是侧重建模和效果图场景表现的软件。

　　本书以AutoCAD 2023和Photoshop 2023两个软件为讲述重点，在讲解方式上侧重园林景观专业的学科特点，更侧重设计软件的使用流程、绘图中的实用技巧和真实设计案例的示范讲解等，由于篇幅和专业的限制，对于园林景观设计表现过程中极少用到的工具和命令不会在本书中赘述，读者如有需要可参考相关软件教程，敬请谅解。对于SketchUp和Lumion两个建模和场景表现软件，请参考化学工业出版社出版的由编者编写的《风景园林数字可视化设计——SketchUp 2018 & Lumion 8.0》。

　　《风景园林计算机辅助设计——AutoCAD 2023 & Photoshop 2023》可作为高等院校园林景观、环境艺术等专业的学生进行计算机辅助设计学习的专业教材，也可作为景观设计、环境设计等相关行业的设计人员以及想涉足园林景观计算机图纸表现行业的设计爱好者的自学参考书。

说明：本书中，"单击"默认为鼠标左键单击，"右击"默认为鼠标右键单击，"双击"默认为鼠标左键双击。

编 者

2023年11月

目　录

第1章

AutoCAD 核心命令使用要点

> **概述：** 本章主要讲述AutoCAD基础工具的使用方法和操作技巧，重点讲解在园林景观设计中使用频率较高的一些核心命令的操作方式，对于其它的辅助工具或是园林景观设计中使用较少的命令，例如三维操作、实体编辑等，本书不再介绍。由于AutoCAD制图对于精确性和高效性的要求较高，读者在学习及操作过程中一定要养成善用捕捉与追踪工具、多用命令行输入尺寸数值和熟用快捷键组合执行命令的方式去绘制图纸。本书讲解使用的CAD版本为AutoCAD 2023，读者可根据自己的实际情况选择安装不同版本，软件版本本身有延续性，因此基本不会对软件的学习产生影响。

1.1 AutoCAD基础知识

AutoCAD 2023的工作界面介绍、图形文件的基本操作、系统选项设置、图层的创建与设置、绘图辅助功能的使用、视图操作等，这些都是在真正开始绘图前需要熟悉和掌握的知识，这些技巧将会为以后的绘图和修改操作提供很大的帮助。

1.1.1 AutoCAD 2023工作界面介绍

1.1.1.1 软件启动

软件正确安装后，可以通过双击桌面上系统创建的AutoCAD 2023快捷方式图标来启动软件，软件启动后，将显示如图1-1-1所示的工作界面。

1.1.1.2 标题栏、菜单栏和功能区面板

标题栏位于软件最上方，通过它可以切换工作空间，对窗口执行最小化、最大化、还原等操作。

菜单栏在AutoCAD 2014之前的版本"AutoCAD经典"工作空间中会默认显示在标题栏下方，在AutoCAD 2023中可在标题栏"自定义快速访问工具栏"中选择"显示菜单栏"打开，共包括文件、编辑、视图、插入等12个主菜单。

功能区面板是AutoCAD核心工具和命令的集合区，通过使用它可以完成绝大部分的绘图工作，包括默认、插入、注释、参数化等共计12个选项卡。

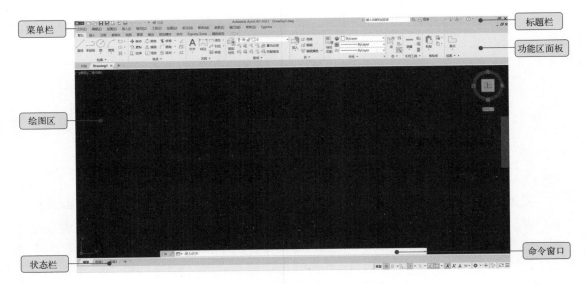

菜单栏 ●
标题栏 ●
功能区面板 ●
绘图区 ●
状态栏 ●
命令窗口 ●

图1-1-1 AutoCAD 2023工作界面

1.1.1.3　绘图区

绘图区是进行图纸显示、绘制和修改的主要窗口，是绘图的主要区域，默认情况下用户可以在"模型"绘图模式下进行图形的绘制，之后单击"布局"标签，转至布局空间进行图纸的布局和输出打印。

1.1.1.4　命令窗口和状态栏

命令窗口是用户进行命令输入的区域，通常可以通过键盘快捷键进行命令或数值的输入，通过菜单栏或功能区面板进行命令执行时，命令窗口同样会作出显示。用户可以通过拖动命令窗口左侧边框将其放在任何位置，也可以拖动窗口的上下边框来扩大窗口的显示范围，如图1-1-2所示。

图1-1-2　显示范围扩大的命令窗口

1.1.2　图形文件的基本操作

1.1.2.1　新建图形文件

启动 AutoCAD 2023 后，用户可以通过以下几种方式创建新的图形文件：

·执行"文件">"新建"命令。

·单击快速访问工具栏上的"新建"按钮 ▯。

·输入快捷键【Ctrl+N】进行新建。

在通过以上任意一种方式执行命令后，系统会打开"选择样板"对话框，如图1-1-3所示，用户可以在文件列表中选择需要的文件，单击"打开"，一般保持默认即可。

1.1.2.2 打开图形文件

启动 AutoCAD 2023 后，用户可以通过以下几种方式打开图形文件：

· 单击 "文件" > "打开" 命令。

· 单击快速访问工具栏上的 "打开" 按钮 📂。

· 输入快捷键【Ctrl+O】进行打开。

执行以上任意一种操作后，系统会打开 "选择文件" 对话框，如图1-1-4所示，在该对话框中用户可以通过 "查找范围" 找到自己所需的CAD文件选定，单击 "打开"，也可以结合【Ctrl+单击】的方式或框选的方式打开多个CAD文件。

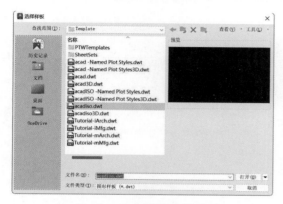

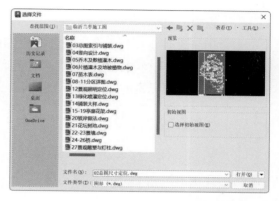

图1-1-3 "选择样板" 对话框　　　　图1-1-4 "选择文件" 对话框

1.1.2.3 保存图形文件

对图形文件进行绘制编辑后，用户可以通过以下方式进行保存：

· 单击 "文件" > "保存" 命令。

· 单击快速访问工具栏上的 "保存" 按钮 💾。

· 输入快捷键【Ctrl+S】进行保存。

执行以上任意一个操作后，系统打开 "图形另存为" 对话框，在 "保存于" 下拉列表中选择要保存的文件位置，在 "文件名" 文本框中输入要保存的文件名称，在 "文件类型" 下拉列表中选择要保存的文件类型（默认为AutoCAD标准文件格式 *.dwg），最后单击 "保存"。用户也可以将已经保存过的文件通过 "另存为" 的命令保存为其他名称的图形文件，执行方式与 "保存图形文件" 相似。

> **技巧提示：**
>
> ○ 对于图形文件的新建、打开、保存操作推荐使用快捷键组合的方式去执行，例如 "新建" 图形文件可以通过【Ctrl+N】后直接按 "回车键" 的方式快速完成。
>
> ○ 在使用AutoCAD进行绘图时养成随时按下【Ctrl+S】进行保存的习惯，以免由于断电或系统出错导致的文件进度丢失。
>
> ○ 高版本的AutoCAD保存的图形文件可能会出现在低版本中无法打开的情况，如遇到，在另存为文件时可从 "文件类型" 下拉列表中选择低版本进行保存。

1.1.3 系统选项设置

在 AutoCAD 2023 中，选项设置用于对系统进行配置，例如设置文件路径、控制软件显示方式、设置绘图单位等，用户可以通过"工具"＞"选项"，或在命令行输入"OP"的方式执行，系统会打开"选项"对话框。对系统选项的设置内容有很多，这里只列举部分可能使用到的。

1.1.3.1 显示设置

切换到"显示"选项，可对窗口元素的颜色、十字光标大小等进行设置，如图 1-1-5 所示。

（1）窗口元素

主要用于设置窗口的配色方式、窗口颜色等，例如可在"配色方案"下拉菜单中选择"明"或者"暗"来控制各栏目和边框的明暗配色；还可以通过打开"图形窗口颜色"对话框来设置各类界面元素的颜色配置，如图 1-1-6 所示。

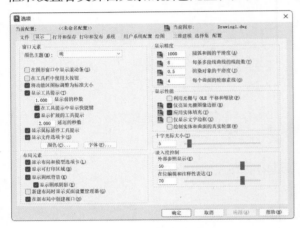

图1-1-5 "显示"选项

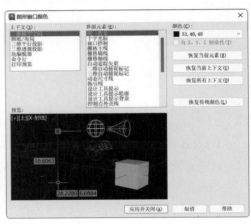

图1-1-6 "图形窗口颜色"对话框

（2）十字光标大小

主要用于控制光标十字线的大小，默认为5，数值越大，光标两边的延长线就越长，用户可根据自己的使用习惯保持默认或将其调至最大。

1.1.3.2 用户系统配置

切换到"用户系统配置"，可对 Windows 标准操作、插入比例等进行相应的设置，例如可以通过"自定义右键单击"对话框来控制鼠标右键在各种不同模式下单击对应的命令，用户可根据自己的使用习惯进行有效调整，如图 1-1-7 所示。

1.1.3.3 选择集

在"选择集"选项中，用户可以对拾取框大小、选择集模式等进行调整，例如在实际绘图过程中可根

图1-1-7 "自定义右键单击"对话框

据图纸的实际情况，通过调整滑块来改变拾取框的大小进行绘图。

1.1.3.4　配置——重置

切换到"配置"选项，单击重置按钮，跳出选项后选择"是"，可将AutoCAD 2023所有界面和参数恢复到初始默认状态。

1.1.4　图层的创建与设置

在对AutoCAD绘图环境进行的一系列设置中，图层的创建和管理是最为重要也是最为关键的，合理的图层设置可以使图纸的表现更加清晰，同时大大提升绘图效率。

1.1.4.1　图层面板和特性面板

在AutoCAD 2023中，用户可以方便地在"功能区面板"中"默认"选项下找到"图层特性"面板和"特性匹配"面板，如图1-1-8和图1-1-9所示。

　　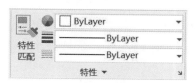

图1-1-8　"图层特性"面板　　　　图1-1-9　"特性匹配"面板

1.1.4.2　图层的创建和删除

在AutoCAD 2023中，对图层的创建和删除等管理是通过"图层特性管理器"面板来实现的，用户可以通过菜单栏"格式">"图层"，或是"图层"面板中的"图层特性"按钮来打开。

（1）创建新图层

在"图层特性管理器"面板中，单击"新建图层"按钮 ，系统会自动新建一个名为"图层1"的图层，如图1-1-10所示。用户可以在"图层1"的位置单击，实现对图层名称的修改。

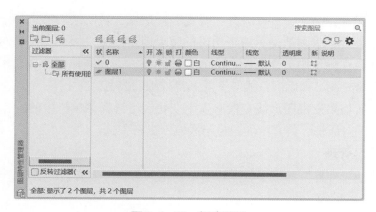

图1-1-10　新建图层

（2）删除图层

在"图层特性管理器"面板中，选中图层，单击"删除图层"按钮 ，即可删除该图层。对于默认的"0"层和包含对象的图层、当前层、被外部参照的图层是无法删除的。

1.1.4.3 设置图层的颜色、线型和线宽

（1）颜色的设置

单击对应图层的颜色图标 ■红，打开"选择颜色"对话框，用户可以根据自己的需要在"索引颜色""真彩色"和"配色系统"选项卡中选择。"索引颜色"中默认的标准颜色最为常用，1～7号颜色分别为红、黄、绿、青、蓝、洋红和白。

（2）线型的设置

单击线型图标 Continu...，系统将打开"选择线型"对话框，如图1-1-11所示。在AutoCAD 2023中默认只有一种连续线型，但在实际绘图过程中往往需要多种线型，例如点划线、虚线等，这就需要在"选择线型"对话框中单击"加载"，打开"加载或重载线型"对话框，选择并确定所需要的线型，如图1-1-12所示。

在实际绘制虚线等非连续线型时，有时会发现线型并未发生改变，多数是由于全局线型比例因子的问题，用户可以在菜单栏选择"格式">"线型"，打开"线型管理器"，在其中的"全局比例因子"中增大或减小数值来改变。

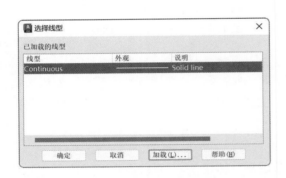

图1-1-11 "选择线型"对话框

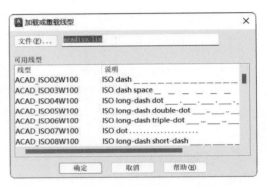

图1-1-12 "加载或重载线型"对话框

（3）线宽的设置

单击线宽图标 —— 默认，可以打开"线宽"对话框，对所绘图形选择适合的线宽。线宽的粗细分类是决定一张图纸是否清晰明确的重要因素之一，因此一定要对其进行合理划分，例如在园林景观设计中，建筑轮廓线、水体岸线、剖面线往往选择较粗的线宽，而铺装填充线、植物填充线、辅助网格线等一般选择较细的线宽。

在选定线宽后如果发现图形线宽没有发生变化，可选择菜单栏中的"格式">"线宽"，打开"线宽设置"对话框，将其中的"显示线宽"进行勾选。

1.1.4.4 图层管理

在"图层特性管理器"面板中，用户可以对图层进行方便有效的管理，在图层"名称"后面对应有"开""冻结"和"锁定"。

（1）开/关图层

通过单击图层名称后方的"开/关"图标可以方便地控制图层的打开或关闭状态，新建图层默认为打开状态，当图标显示为 💡，表明该图层处于关闭状态，所有该图层下的图形

将不显示。

（2）冻结/解冻图层

单击"冻结"图标可以对所选图层执行冻结或解冻命令，当图标显示为 ❄，表明该图层处于冻结状态，该图层下的图形将不可见且不可编辑修改。

（3）锁定/解锁图层

单击"锁定"图标可以对所选图层执行锁定或解锁命令，当图标显示为 🔒，表明该图层处于锁定状态，该图层下的图形可以被看到，但是无法对其进行编辑或修改操作。

除此之外，用户还可以对图层执行"置为当前"、改变图形所在图层等管理操作。

（4）置为当前层

在 AutoCAD 2023 中，系统默认当前图层为 0 层，在此情况下用户绘制的所有图形都将处于图层 0 中，如果需要将其他图层设置为当前层，用户可以通过单击"图层特性管理器"面板中的"置为当前"图标，或是在图层面板中单击"图层"下拉列表选择对应的图层。

（5）改变图形所在图层

选定要改动的图形，在"图层"面板下拉列表中选择所需图层，如图 1-1-13 所示；或是选定图形后右击打开快捷菜单，选择"特性"，在弹出的对话框中进行调整。

（6）改变图形默认属性

在选定图形后，可通过"特性"面板为其指定不同于所在图层的相关属性。

（7）通过图层面板中的图形按钮对图层进行更便捷的管理

在图层面板中，除了"图层特性"和图层下拉列表外，还有 10 个图标按钮分别对应不同的图层管理方式，如图 1-1-14 所示。在实际绘图过程中这些命令往往会使图层管理更加方便快捷，用户可以根据需要选择使用，它们分别对应"关闭图层""打开所有图层""隔离""取消隔离""冻结""解冻所有图层""锁定""解锁""置为当前"和"匹配图层"，用户可根据需要选择命令，并根据命令窗口的提示进行下一步操作。

图1-1-13　图层面板下拉列表　　　　图1-1-14　10个图层管理图标

技巧提示：

　○ 图层在够用的基础上越精简越好，不同的图层尽量指定不同的颜色以便于后期的区别。

　○ 图层 0 是 AutoCAD 的默认图层，为避免图层分类不清，尽量不要在 0 层进行图形绘制，而是在 0 层进行定义"块"（块的概念和用法详见后文）。

　○ 在"图层特性管理器"窗口中，如果需要对多个图层执行"开/关"或"冻结""锁定"等操作时，可以结合 Ctrl 或 Shift 键进行加选、多选（或鼠标左键框选）来批量操作，可以较好地提升绘图效率。

○ 对于大多数单个或较少图层的管理活动，例如"开/关"或"冻结"，直接在图层面板的"图层"下拉列表中进行操作会更加便捷。

○ 在将某个图形从一个文件复制到另外一个文件的过程中，图形在原文件中所属的图层及其属性也会被复制到另一个文件中。

1.1.5 绘图辅助功能

为了提高 AutoCAD 绘图的效率和精确度，用户需要合理使用软件提供的绘图辅助工具，最常用到的包括：图形栅格与捕捉模式、正交模式、极轴追踪、对象捕捉等，这些工具显示在软件下方的状态栏中，如图 1-1-15 所示。

图1-1-15 状态栏绘图辅助工具

1.1.5.1 图形栅格与捕捉模式

栅格是 AutoCAD 提供的一种绘图位置参考，结合栅格捕捉有助于图形绘制过程中的精确定位。用户可以通过单击状态栏中的图标 ，或是按快捷键F7来控制栅格的打开或关闭。

栅格捕捉模式用于设置鼠标光标移动的固定步长，使光标的移动量总是步长的整数倍，提高绘图的精准度，用户可以通过单击状态栏图标 进行打开或关闭。

通过右击状态栏的栅格图标选择"设置"，或是菜单栏的"工具">"草图设置"，打开草图设置对话框，在"捕捉和栅格"选项卡中可以对捕捉间距、捕捉类型、栅格样式、栅格间距等参数进行设置，如图 1-1-16所示。

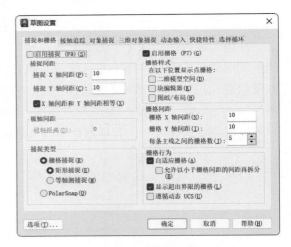

图1-1-16 "捕捉和栅格"选项

1.1.5.2 正交模式（正交限制光标）

在绘图过程中如果需要绘制水平或垂直线时，可以通过单击状态栏图标 ，或是按快捷键F8来打开或者关闭正交模式。

1.1.5.3 极轴追踪（按指定角度限制光标）

极轴追踪可以根据指定的增量角进行极轴捕捉，用户可以在状态栏单击图标 ，或是按快捷键F10来控制极轴追踪的打开或关闭。系统默认情况下仅进行正交追踪，通过"草图设置"对话框中的"极轴追踪"选项，可以在"增量角"下拉菜单中选择或"新建"所需角度进行追踪捕捉，如图1-1-17所示。

1.1.5.4　对象捕捉（将光标捕捉到二维参照点）

对象捕捉是通过已有图形当中的特殊点或者位置来确定捕捉位置，是AutoCAD 2023中最为重要的绘图辅助工具，用户可以通过单击状态栏图标 🗔，或是按快捷键F3来控制对象捕捉的开启或关闭。

在"草图设置"对话框中的"对象捕捉"选项中，用户可以对捕捉模式进行设置，既可以是单一模式，也可以同时选择多个捕捉模式，如图1-1-18所示。

图1-1-17　"极轴追踪"选项　　　　图1-1-18　"对象捕捉"选项

"对象捕捉"选项中各捕捉模式选项介绍：

- 端点，捕捉线段或者圆弧离拾取点最近的端点。
- 中点，捕捉直线、多段线和圆弧的中点。
- 圆心，捕捉圆和圆弧的圆心点。
- 几何中心，捕捉各类多边图形的几何中心点。
- 节点，捕捉点对象，包括尺寸的定点。
- 象限点，捕捉圆和圆弧上的0°、90°、180°等点。
- 交点，捕捉任意两条直线、多段线、圆、圆弧等之间最近的交叉点。
- 延长线，捕捉直线延长线上的点，当光标被移出对象的端点时，将捕捉沿对象轨迹延伸出来的虚拟点。
- 插入点，捕捉图形文件中的文本、属性和符号的插入点。
- 垂足，捕捉与直线、多段线、圆、圆弧等的垂直连线上的点。
- 切点，捕捉圆和圆弧上与对象相切的点。
- 最近点，捕捉直线、圆弧等离光标最近的点。
- 外观交点，在二维空间下具有与交点模式同样的捕捉效果，除此之外还可以捕捉三维空间中两个对象的视图交点。
- 平行线，捕捉通过已知点并且与已知直线平行的直线位置。

1.1.5.5　对象捕捉追踪（显示捕捉参照线）

在使用对象捕捉追踪命令指定点时，光标可以沿基于其他对象捕捉点的对齐路径进行追踪，前提是要有一个或多个对象捕捉处于打开状态。用户可以通过在状态栏中单击图标，或是按快捷键F11进行切换。

1.1.5.6　测量功能

单击"默认"选项中"实用工具"面板下的"测量"功能下拉列表，会出现"测量工具"选项。

"测量工具"选项介绍：

（1）快速

单击图标，或输入快捷键MEA进行快速测量，当鼠标光标在目标对象上停留时，即可查看长度、角度等数值，如图1-1-19所示。鼠标光标位于闭合区域内时，单击鼠标左键，即可查看该区域面积、周长等数值，如图1-1-20所示。如按住 Shift 键再分别单击选择多个目标区域，可快速完成多个区域的数值计算。

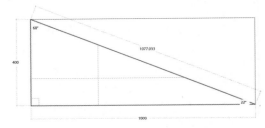
图1-1-19　光标在目标对象停留

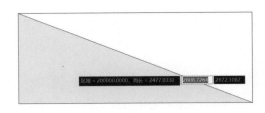
图1-1-20　光标单击目标对象

（2）距离

单击图标，或输入快捷键DI测量距离，指定两点，记录两点之间的距离，如图1-1-21所示。在指定第一个点后选择"多个点（M）"，可指定多个点，记录总距离。

（3）角度

单击图标，选择两条直线，即可查看直线之间的角度。

（4）面积

单击图标，或输入快捷键AA进行面积测量，指定多个点以定义多边形，然后按 Enter 键完成。要计算的面积以绿色显示如图1-1-22所示，浮动命令栏会显示测量区域的面积和周长。

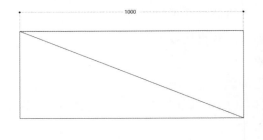
图1-1-21　距离测量

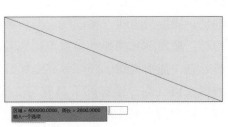
图1-1-22　面积测量

技巧提示：

◦ 在实际绘图过程中需要经常在启用捕捉或关闭捕捉、启用正交或关闭正交之间交替，最快速的切换方式就是通过快捷键，开/关捕捉F3、开/关正交F8，这两个的使用频率较高。

◦ 由于在绘图中经常会捕捉不同的关键点，反复进行对象模式的切换在实际绘图时会浪费大量的时间，推荐默认将多个捕捉模式同时开启，例如同时选中最常用的端点、中点、圆心、象限点、交点、垂足等，在实际捕捉时通过捕捉图标显示的不同加以区别，如 □ △ ○ × 分别代表了端点、中点、圆心、交点。

1.1.6 视图基本操作

在AutoCAD 2023绘图区进行图形绘制和修改时，需要随时对视图窗口进行控制，常使用的包括视图的缩放、视图的平移、重生成等。

1.1.6.1 视图的缩放

在图形绘制过程中，用户常常需要放大或缩小视图，以便于更仔细地观察所绘对象，无论是放大或缩小都是针对视图窗口，并没有改变图形的真实尺寸。

用户可以通过菜单栏中的“视图”>“缩放”来指定视图缩放的方式，如图1-1-23所示，也可以先按快捷键Z然后按空格键，再通过命令行窗口提示选择缩放方式，如图1-1-24所示，例如要使用“全部”的缩放方式，具体操作：先按快捷键Z然后按空格键再然后按快捷键A最后再按空格键。

实时(R)
上一个(P)
窗口(W)
动态(D)
比例(S)
圆心(C)
对象
放大(I)
缩小(O)
全部(A)
范围(E)

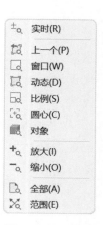

图1-1-23 缩放命令

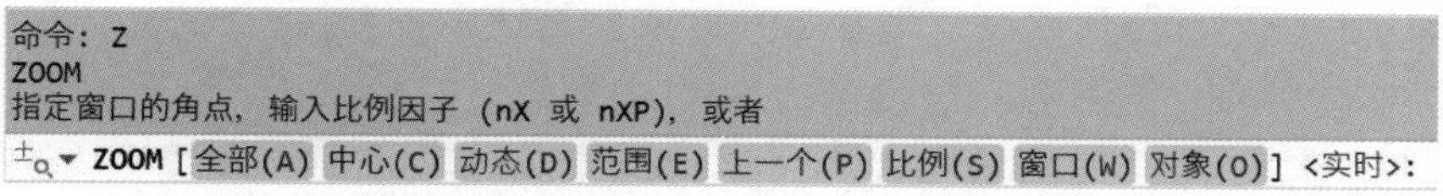

命令: Z
ZOOM
指定窗口的角点，输入比例因子 (nX 或 nXP)，或者
ZOOM [全部(A) 中心(C) 动态(D) 范围(E) 上一个(P) 比例(S) 窗口(W) 对象(O)] <实时>:

图1-1-24 “缩放”命令行提示

命令行提示中的常用选项使用功能如下：

· 全部（A），显示文件中的全部图形。

· 中心（C），在视图中指定一点作为中心点，并通过指定缩放比例因子或者缩放高度范围来控制视图缩放。

· 比例（S），通过输入缩放比例因子来控制视图，常在布局空间排图打印时使用。

· 窗口（W），通过指定两点形成矩形选框，选框内的图形会放大至整个屏幕显示。

· 实时，在放大镜图标的提示下，可按住鼠标左键进行拖动对视图进行实时放大或缩小。

1.1.6.2 视图的平移

当窗口中的图形放大至无法全部显示时，用户可能需要对窗口外的对象进行编辑，这

时需要进行视图的平移操作，在菜单栏的"视图">"平移"中可以选择平移的方式。

1.1.6.3　重画与重生成

重画和重生成都是对窗口视图显示数据和效果的更新，重画主要用于清除临时标记，重生成则是在当前窗口中更新数据。可以通过菜单栏下的"视图">"重画"、"重生成"执行命令，也可以分别使用快捷键R然后按空格键执行"重画"，使用快捷键RE然后按空格键执行"重生成"。

1.1.6.4　放弃（撤销）操作

在AutoCAD中，对之前完成的命令操作可以进行放弃（撤销），可按下快捷键【Ctrl+Z】执行，多次按下可执行多次操作的撤销。

> **技巧提示：**
>
> ○ 对于实际绘图过程中的视图缩放和平移操作，可以通过更加方便快捷的鼠标操作方式去执行，利用鼠标中键的滚轮向前滚动可以将视图放大，向后滚动可以将视图缩小，按下鼠标中键滚轮后，光标会显示为手状图形，这时可以进行拖动来平移视图。
>
> ○ 对于窗口中出现的各类显示问题，例如编辑后的图形没有发生变化、绘制的圆形或圆弧不圆变成直线段等，均可使用快捷键RE然后按空格键执行"重生成"命令来解决。

1.2　绘图命令

在AutoCAD中进行图形绘制，最基本的方式就是使用各类绘图工具，通过这些工具，用户可以创建基本的二维图形，包括点、直线、曲线、圆、多边形等，除此之外，还可以对选定的对象或区域进行图案填充。

用户可以在"功能区面板"中"默认"选项下找到"绘图"面板，如图1-2-1所示，也可在菜单栏中找到"绘图"下拉菜单。

图1-2-1　"绘图"面板

1.2.1　线的绘制

在AutoCAD 2023中，可以绘制线的工具有：直线、射线、构造线、多线、多段线、样条曲线，下面分别介绍各种线的绘制方法。

1.2.1.1　直线

直线是绘图工具中最基本也是最常见的命令，用户可以通过单击"绘图"面板中的"直线"工具 ✏，或是输入快捷键L，然后按空格键来执行。输入命令后可以通过指定点并配合命令行的多个扩充选项进行操作。

① 输入快捷键L后按空格键执行命令，提示"指定第一个点"时可以在视图任意位置单击一点，或者通过输入绝对坐标的方式指定一点，例如输入"500，800"（即是指距离原点坐标X轴移动500单位、Y轴移动800单位的点）后按空格键执行，如图1-2-2所示。

② 提示"指定下一点"，按F8启动"正交"模式，沿Y轴负方向输入400后按空格键，绘制长度为400的直线。

③ 使用相对坐标的方式指定下一点，输入"@600，200"（即是指距离上一指定点坐标X轴移动600单位，Y轴移动200单位的点）后按空格键。

④ 按F3启动"对象捕捉"，捕捉至起点（端点）处单击，然后按空格键结束直线命令，完成三角形绘制，如图1-2-3所示（或根据命令行提示输入C按空格键完成绘制）。

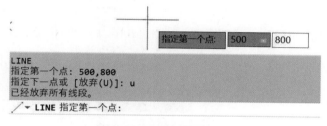

图1-2-2 输入长度

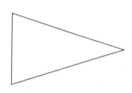

图1-2-3 三角形绘制完成

1.2.1.2 射线

射线是以一个指定点为中心，向周围指定通过点无限延伸的直线，常用来作为辅助线使用，用户可以通过菜单栏中的"绘图">"射线"来执行。

1.2.1.3 构造线

构造线是向两侧无限延伸的直线，用户通过该命令创建水平、垂直或有一定角度的直线用于辅助绘图，可以通过菜单栏中的"绘图">"构造线"来执行，依据命令行提示内容还可在水平、垂直、角度、二等分等选项中进行选择。

1.2.1.4 多线

多线是由多条平行线组成的对象，默认条件下为两条，常用来绘制墙线，通过菜单栏中的"绘图">"多线"来执行，依据命令行提示内容可以选择对正方式、多线宽度、样式等，在菜单栏"格式">"多线样式"中可以对其进行更详细的设置。

1.2.1.5 多段线

多段线用来绘制多条直线或弧线组成的完整对象，是AutoCAD中使用频率最高的绘图工具之一，可以通过单击"绘图"面板中的"多段线"工具，或是输入快捷键PL，然后按空格键来执行。输入命令后可指定多段线的起点，并根据命令行提示内容进行更多的选项操作，如图1-2-4所示。

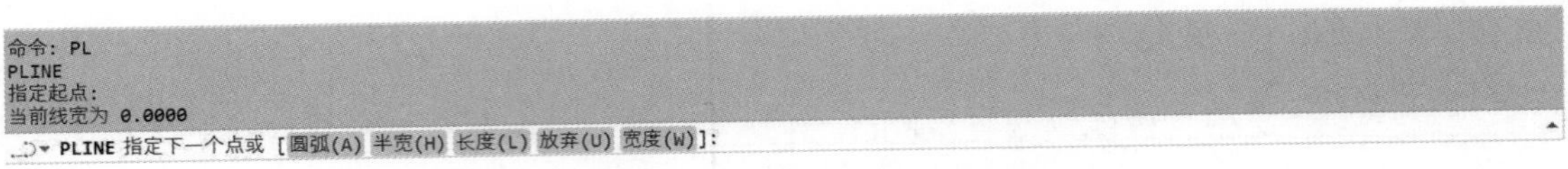

命令: PL
PLINE
指定起点:
当前线宽为 0.0000
PLINE 指定下一个点或 [圆弧(A) 半宽(H) 长度(L) 放弃(U) 宽度(W)]:

图1-2-4 “多段线”命令行选项

命令行中各选项内容包括：

- 圆弧（A）：可绘制圆弧，选择后命令行会出现更多绘制圆弧的选项，包括角度、圆心、方向、半宽、直线、半径、第二个点、放弃、宽度等。
- 半宽（H）：指定多段线起点和终点的半宽值。
- 长度（L）：定义下一条线段长度。
- 宽度（W）：指定多段线起点和终点的宽度。

示例1-2-2 使用“多段线”命令绘制图形

① 输入快捷键PL后按空格键执行命令，在视图内单击任意一点指定为起点，然后沿X轴正方向输入200，绘制直线，如图1-2-5所示。

② 输入A按空格键执行圆弧选项，沿Y轴正方向输入“@0，100”后按空格键，绘制圆弧，如图1-2-6所示。

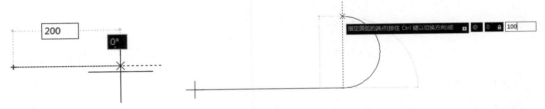

200
0°

图1-2-5 绘制多段线直线

指定圆弧的端点(按住 Ctrl 键以切换方向)或
@
0
100

图1-2-6 绘制多段线圆弧

③ 输入L按空格键执行直线选项，沿X轴负方向输入100，输入W按空格键执行宽度选项，输入起点宽度5，端点宽度5，沿Y轴正方向输入50，如图1-2-7所示。

④ 输入W按空格键执行宽度选项，输入起点宽度20，端点宽度0，沿Y轴正方向输入20，完成箭头绘制，按空格键结束多段线命令，如图1-2-8所示。

50
90°

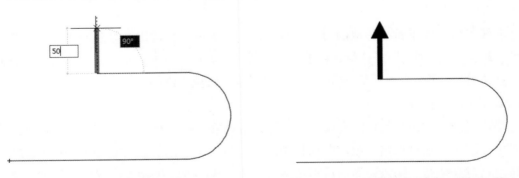

图1-2-7 绘制带宽度的多段线直线

图1-2-8 利用宽度选项绘制多段线箭头

1.2.1.6　样条曲线

样条曲线工具可以通过一系列控制点来绘制不规则的自由曲线，可以通过菜单栏中的"绘图">"样条曲线"来执行，有"拟合点"和"控制点"两种方式，由于其自身的高自由度和后期较难修改的特性，在实际工程绘图中较少使用。

> **技巧提示：**
>
> ○ 建议在实际绘图中养成左手键盘、右手鼠标的操作习惯，发挥左手工具快捷键的优势和右手鼠标操作相结合，提高绘图效率。
>
> ○ 在AutoCAD中，回车键和空格键都可以用来执行命令，空格键更快捷，使用频率更高。另外，空格键还可以重复上一个命令，例如用户在执行完直线命令后，还需要继续使用这一命令时，不需要再次输入直线命令的快捷键，而是直接按空格键即可。
>
> ○ Esc键在AutoCAD中使用频率非常高，用来取消命令，当我们在执行某个命令过程中需要取消时，直接按Esc键即可退出该命令。
>
> ○ 在无命令状态下使用快捷键输入时，直接输入快捷键执行即可，无需在命令行窗口单击。
>
> ○ 用"多段线"工具绘制的多条直线是一个完整的对象，而用"直线"工具绘制的多条线段则每一段都是独立的对象，因此在实际绘图过程中，使用"多段线"绘制的图形更加整体，更利于提高效率。
>
> ○ 对于园林景观绘图来说，"样条曲线"无规律且不便于后期编辑，尽量减少使用。

1.2.2　矩形及多边形的绘制

1.2.2.1　矩形

根据指定的绘制方式和参数绘制矩形多段线，可以通过单击"绘图"面板中的"矩形"工具□，或是输入快捷键REC，然后按空格键来执行。输入命令后，可按照默认指定矩形的第一个角点，然后指定另一个角点来完成矩形绘制，也可以根据命令行提示选项，进行更多的参数调整，如图1-2-9所示。

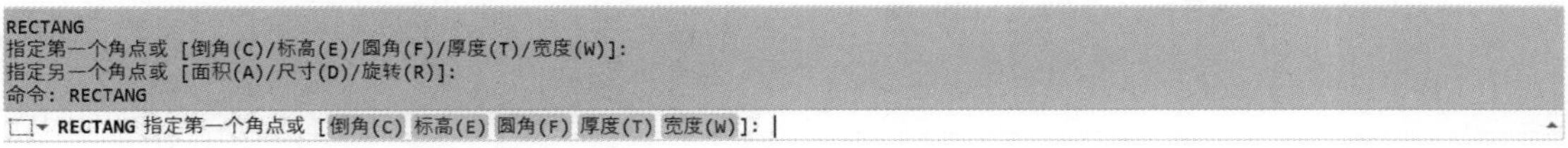

```
RECTANG
指定第一个角点或 [倒角(C)/标高(E)/圆角(F)/厚度(T)/宽度(W)]:
指定另一个角点或 [面积(A)/尺寸(D)/旋转(R)]:
命令: RECTANG
□▾ RECTANG 指定第一个角点或 [倒角(C) 标高(E) 圆角(F) 厚度(T) 宽度(W)]: |
```

图1-2-9　"矩形"命令行选项

示例1-2-3 绘制400×200矩形和半径为100的圆角矩形

① 输入快捷键REC后空格或在"绘图"面板中单击"矩形"工具，在屏幕任意一点单击指定第一个角点，然后在命令行输入"@400，200"后按空格键，完成矩形绘制，如图1-2-10所示。

② 按空格键重复执行"矩形"命令，根据命令行"圆角"选项提示，输入F按空格键，然后输入圆角半径为100后按空格键，选择"宽度"选项，输入线宽20，然后在屏幕指定矩形的两个角点完成绘制，如图1-2-11所示。

图1-2-10　绘制400×200矩形

图1-2-11　绘制半径为100的圆角矩形

1.2.2.2　正多边形

正多边形由多条边长相等的线段组成，可以通过单击"绘图"面板中的"多边形"工具 ⬡，或是输入快捷键POL，然后按空格键来执行。输入"多边形"命令后，命令行提示选项，如图1-2-12所示。

```
命令: POLYGON
输入侧面数 <5>: 5
指定正多边形的中心点或 [边(E)]:
输入选项 [内接于圆(I)/外切于圆(C)] <I>: I
⬡ ▾ POLYGON 指定圆的半径:
```
图1-2-12　"多边形"命令行选项

根据命令行提示选项，用户可以输入所绘正多边形的边数，可以选择内接于圆或外切于圆的方式，还可以指定圆的半径。

1.2.3　圆、圆弧及椭圆的绘制

1.2.3.1　圆

"圆"是在实际绘图过程中最常用到的命令之一，单击"绘图"面板中的"圆"工具 ⊘，或是输入快捷键C，然后按空格键，来执行画圆命令。执行后命令行会出现如下选项，如图1-2-13所示。

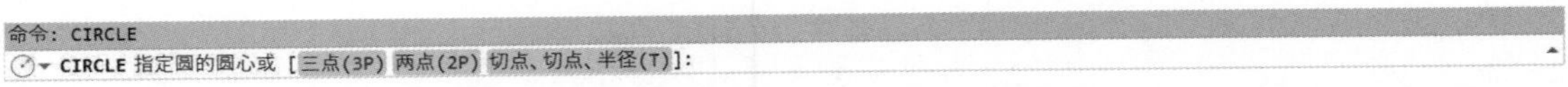

```
命令: CIRCLE
⊘ ▾ CIRCLE 指定圆的圆心或 [三点(3P) 两点(2P) 切点、切点、半径(T)]:
```
图1-2-13　"圆"命令行选项

命令行中的选项内容包括：

· 默认为指定圆的圆心，此时可以在窗口单击或输入坐标来指定圆心位置，进而通过指定半径或是直径的方式绘制圆形。

· 三点（3P），通过指定经过圆形边线上的三个点来绘制圆形。

· 两点（2P），通过指定圆直径上的两个点的方式来绘制圆形。

· 切点、切点、半径（T），通过指定与其他图形的两个切点和半径的方式绘制圆形。

示例1-2-4 使用"相切、相切、半径"的方式绘制圆形

① 输入快捷键C后空格执行"圆"工具，输入T空格，执行"切点、切点、半径"方式，根据命令行提示指定第一个切点，然后指定第二个切点，如图1-2-14所示。

② 输入圆的半径300后按空格键完成绘制，如图1-2-15所示。

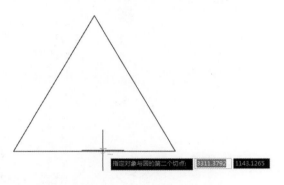

图1-2-14 指定与圆相切的两个点

图1-2-15 绘制完成

1.2.3.2 圆弧

绘制圆弧可以通过单击"绘图"面板中的"圆弧"工具 ⌒，或是输入快捷键ARC，按空格键执行，在AutoCAD 2023中有多种绘制圆弧的方式，有三点、起点圆心端点、起点圆心角度、起点圆心长度等共计11种。

1.2.3.3 椭圆

绘制椭圆可以通过"绘图"面板中的"圆心"工具⊕或"轴、端点"工具 ⬭，也可以输入快捷键EL后按空格键执行，如图1-2-16所示。

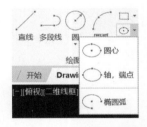

图1-2-16 "椭圆、椭圆弧"工具

· 使用"圆心"方式时，根据命令行提示指定椭圆的中心点，然后分别指定长轴和短轴的长度来完成绘制。

· 使用"轴、端点"方式时，可以分别指定长轴短轴的长度来完成绘制，根据任务栏提示选项还可以选择"圆弧"和"中心点"的方式。

1.2.3.4 椭圆弧

椭圆弧是椭圆的部分弧线，通过指定两个端点和圆弧的起止角和终止角来绘制，可以单击"绘图"面板中的"椭圆弧"工具执行 ⌒。执行命令后，命令行会出现提示选项，可以指定椭圆弧的轴端点、中心等绘制，并通过指定起点角度、旋转等，对该命令进行更多参数化的指令操作。

1.2.3.5 圆环

圆环是两个圆心相同、半径不同的圆组成的填充环，可以通过单击"绘图"面板中的"圆环"工具 ◎，或是输入快捷键DO，按空格键执行，然后输入圆环内径和外径来绘制。

1.2.4 点和修订云线的绘制

1.2.4.1 点

在 AutoCAD 2023 中绘制的点默认显示为一个小圆点，用户可以通过菜单栏的"格式">"点样式"中打开对话框，对点的形态和大小进行选择，如图 1-2-17 所示。用户可以通过单击"绘图"面板中的"多点"工具 ，绘制单个或多个点。

单点的绘制与多点的绘制相同，执行"单点"命令后，一次只能创建一个点，而执行"多点"后，一次能创建多个点。

图1-2-17 "点样式"对话框

1.2.4.2 定数等分

定数等分可以将线段或者曲线，等分为指定的段数，通过单击"绘图"面板中的"定数等分"工具 ，或输入 DIVIDE 按空格键执行。

> **示例1-2-5** 使用"定数等分"命令等分曲线

① 单击"绘图"面板中的"定数等分"工具，执行命令，然后单击选择要"定数等分"的对象，之后输入等分数目 6 并按空格键执行。

② 此时对象被等分为 6 份，如图 1-2-18 所示。

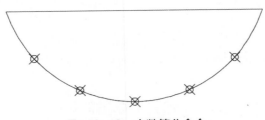

图1-2-18 定数等分命令

1.2.4.3 定距等分

定距等分是将对象按照指定的距离进行等分，通过单击"绘图"面板中的"定距等分"工具 ，或输入 MEASURE 按空格键执行。

> **示例1-2-6** 使用"定距等分"命令绘制弧形汀步

① 绘制弧形汀步方向路径，如图 1-2-19 所示。

② 绘制 400mm×1200mm 汀步，将其创建为块，名称 01（定义块时，使用"拾取点"，将块的基点选择为汀步图形的中心位置），如图 1-2-20 所示。

③ 输入快捷键 me 执行定距等分，选择弧形路径作为定距等分对象，输入 b 空格指定块，输入汀步块的名称 01 并确定，选择对齐，输入线段长度 1000，完成等分，如图 1-2-21 所示。

④ 删除汀步路径和多余的块，完成绘制，如图 1-2-22 所示。

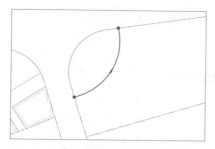

图1-2-19　绘制弧形汀步方向路径

图1-2-20　创建块

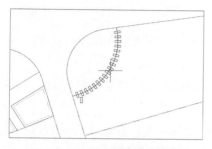

图1-2-21　执行定距等分命令

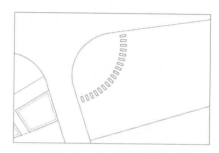

图1-2-22　完成汀步绘制

1.2.4.4　修订云线

修订云线是绘制由若干圆弧线组成的多段线，通过菜单栏"绘图" > "修订云线"命令，或是在"绘图"面板中的"修订云线"工具三角符号下选择"矩形"🌧️、"多边形"🌧️、"徒手画"🌧️的方式来执行命令，命令行会出现选项，如图1-2-23所示。

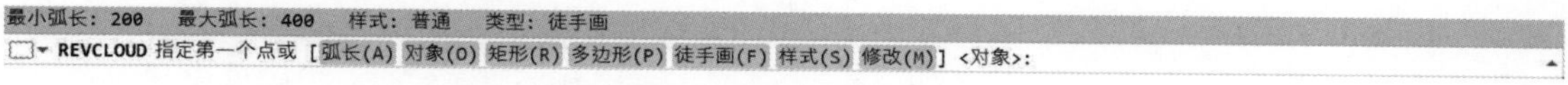

最小弧长: 200　最大弧长: 400　样式: 普通　类型: 徒手画
☐▾ REVCLOUD 指定第一个点或 [弧长(A) 对象(O) 矩形(R) 多边形(P) 徒手画(F) 样式(S) 修改(M)] <对象>:

图1-2-23　"修订云线"命令行选项

命令行中的选项主要内容包括：

· 弧长（A），用于指定所绘云线的最小弧长和最大弧长，最大弧长不得超过最小弧长的3倍。

· 对象（O），将选定的对象转化为云线，并可指定云线弧的方向。

· 矩形（R），创建矩形修订云线。

· 多边形（P），创建多边形修订云线。

· 徒手画（F），徒手绘制修订云线。

· 样式（S），设置使用"普通"还是"手绘"方式绘制修订云线。

· 修改（M），通过指定已绘制多段线的点来对云线进行修改。

示例1-2-7　绘制"修订云线"

① 单击菜单栏"绘图" > "修订云线"命令，输入A后按空格键，指定所绘云线的最小弧长为100，最大弧长为300，然后在窗口指定第一个点单击，移动鼠标，按照需要的路径进行移动，如图1-2-24所示。

② 将鼠标移动至起点处，云线自动闭合，完成绘制，如图1-2-25所示。

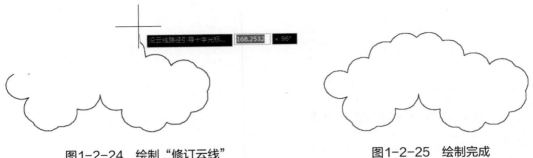

图1-2-24 绘制"修订云线"　　　　　图1-2-25 绘制完成

③ 输入快捷键C后按空格键，在窗口指定圆心，输入100后按空格键，绘制半径为100的圆形，如图1-2-26所示。

④ 单击菜单栏"绘图">"修订云线"命令，输入A后按空格键，指定所绘云线的最小弧长为40，最大弧长为40。

⑤ 输入O后按空格键，依命令栏提示选定绘制的圆形，在出现"反转方向"提示时选择"是"，如图1-2-27所示，完成修订云线的绘制，如图1-2-28所示。

图1-2-26 绘制"圆"　　　图1-2-27 转换为修订云线　　　图1-2-28 反转方向

1.2.5 图案填充

图案填充命令可以对绘制的图形或指定的范围进行图案的填充，以提高所绘图形的可视效果。在AutoCAD 2023中，用户可以单击"绘图"面板中的"图案填充"工具，或输入快捷键H后按空格键。执行命令后，功能区面板会自动切换到"图案填充"面板，如图1-2-29所示。用户可以通过边界、图案、特性等选项来指定填充的样式和范围。

图1-2-29 "图案填充创建"功能面板

1.2.5.1 边界

用于指定填充的范围边界，主要内容包括：

·拾取点，通过单击封闭图形对象内部的任意一点来指定填充的范围，执行"拾取点"

后，可在命令行的提示下进行拾取内部点、选择对象或进行参数设置。

· 选择，通过选择图形对象的方式来指定填充范围，如图形间出现重叠交叉，则按照当前选定的孤岛（见下文 1.2.5.5 的解释）检测样式进行填充。

· 删除，在已经选定的填充对象中删除对象。

· 重新创建，选定已创建的图案填充，使其与图案填充对象相关联。

1.2.5.2 图案

在预览窗口中可以浏览图案的填充样式，并通过单击指定，通过右侧的上下箭头可以更换预览样式，也可以通过"更多"按钮 ，来打开图案样式的下拉列表，浏览更多图案类型，如图 1-2-30 所示。

1.2.5.3 特性

在特性选项卡面板中，用户可以设定图案填充的类型、透明度、颜色、角度、背景色以及填充比例等，如图 1-2-31 所示。内容包括：

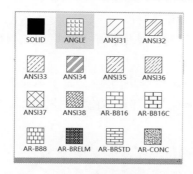

图1-2-30 "图案"类型预览

图1-2-31 "特性"选项卡面板

· 图案填充类型，在下拉菜单中可选定实体、渐变色、图案或用户自定义填充。

· 图案填充透明度，对填充图案的透明度进行设置。

· 图案填充颜色，在下拉列表中选定所填充图案的颜色。

· 图案填充角度，通过输入数值或左右拖动箭头的方式来指定所填充图案的角度，可在 0 ～ 359 的数值间选择。

· 背景色，用于指定填充图案背景的颜色。

· 填充图案比例，通过指定所填充图案的比例数值来控制图案显示的大小。

示例1-2-8 对图形对象进行"图案填充"

① 输入快捷键 REC 后按空格键，指定第一个角点后，输入"@50,50"，绘制如图 1-2-32 所示矩形。

② 输入快捷键 H 后按空格键，执行"图案填充"命令，然后在"图案"面板中选择名称为"ANSI32" 的图案类型，在所绘矩形内部任意位置单击来拾取内部点，之后按空格键结束命令，如图 1-2-33 所示。

③ 单击选中所填充的图案，在"特性"面板中将"图案透明度"改为 50，"角度"改为 90，图案填充比例改为 0.5，然后按 Esc 键取消图案选定状态，完成图案特性的修改，如

图1-2-34所示。

图1-2-32　绘制矩形

图1-2-33　填充图案

图1-2-34　图案填充修改

1.2.5.4　原点

默认为当前UCS的原点，根据实际填充需要可以设置填充图案的起始位置。

1.2.5.5　选项

·关联，将图案填充指定为关联填充，在修改对象边界时填充会自动更新。

·特性匹配，分为使用当前原点和使用源图案填充原点两种。

·创建独立的图案填充，控制当指定多条闭合边界时，是创建单个图案填充对象，还是创建多个图案填充对象。

·孤岛，是指在图案填充时位于一个已闭合的图形中的封闭区域，属于填充方式中的高级选项，共分为4种形式，分别是普通孤岛检测、外部孤岛检测、忽略孤岛检测和无孤岛检测，其区别如图1-2-35～图1-2-37所示。

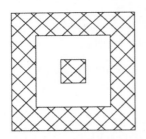

图1-2-35　普通孤岛检测

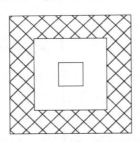

图1-2-36　外部孤岛检测

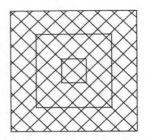

图1-2-37　忽略孤岛检测

·绘图次序，为图案填充指定前后顺序，主要包括后置、前置、置于边界之前和置于边界之后4种，分别控制填充图案与图形及边界线间的前后遮挡关系。

1.2.5.6　对图案填充的编辑

图案填充完成后，如果用户需要对其进行修改编辑，可以单击所要编辑的填充对象，然后在"图案填充创建"功能面板中对所需修改的内容进行编辑，也可以通过单击菜单栏中的"修改"＞"对象"＞"图案填充"来打开"图案填充编辑"对话框，在对话框中对所要修改的填充对象进行编辑，如图1-2-38所示。

技巧提示：

○在园林景观方案设计中，填充的使用频率较少，往往用于部分铺装、水体和灌木等，且为了方便后续彩色平面图的制作，尽量不要使用过密的填充及实体填充。

○ 在 AutoCAD 中进行实际图案填充时，可能会出现各种填充失败的现象，需要根据提示进行分析，并找到解决方法，例如提示"边界定义错误"或填充样式出现异常时，可能是图形有未闭合的现象；部分区域填充后无法显示，可能填充比例过大或图案填充处于不可见状态，可输入快捷键FILL命令进行修改等。

图1-2-38 "图案填充编辑"对话框

1.3 修 改 命 令

在使用 AutoCAD 2023 中的"绘图"命令进行图形绘制时，常常要结合一系列的"修改"命令来进行，在实际操作中，这些修改命令的使用频率和作用甚至远远大于绘图命令，这些修改命令有：对象的选取、移动、复制、旋转、镜像、缩放、修剪、延伸、圆角、阵列、删除、分解、偏移等，通过与绘图命令的结合，便可以绘制出各类复杂的图形。

用户可以在"功能区面板"中"默认"选项卡下找到"修改"面板，如图1-3-1所示，也可在菜单栏中找到"修改"下拉菜单。

1.3.1 目标对象的选取

图1-3-1 "修改"面板

在 AutoCAD 2023 中进行图形的编辑和修改时，往往需要先对所需修改的对象进行选择，在系统默认情况下，已经被选取的目标对象会以高亮结合夹点的方式显示，所选取的对象可以是一个，也可以是多个。

1.3.1.1　单击点选（加选）

在 AutoCAD 2023 无命令状态下，将鼠标移动至所选图形时，图形会出现高亮显示，此时单击点选即可执行选取对象，在默认情况下，继续单击点选其他对象，可在已选定的基础上执行加选。单击点选是 AutoCAD 最基本最直观的对象选取方式，适合单个或多个对象的简单选取，面对大量复杂图形选取时效率较低。

1.3.1.2　矩形框选

矩形框选是通过在窗口单击一点并拖动至对角点来建立矩形框进行对象选择，是 AutoCAD 2023 中最为常用的选择方式之一。矩形框选根据所拖动选择方向的不同，分为窗口方式和交叉方式。

窗口方式是指在窗口单击选择一点，并从左向右拖动鼠标形成蓝色矩形选框，如图1-3-2 所示，此时，只有完全处在选框范围内的对象才能被选中，不在选框内或部分在选框内的对象均不会被选中，如图1-3-3所示。

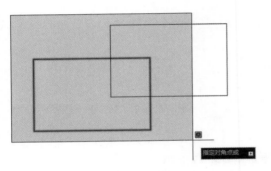
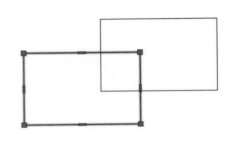

图1-3-2　窗口方式选框　　　　　　　　图1-3-3　窗口方式选中后效果

交叉方式是指在窗口单击选择一点，并从右向左拖动鼠标形成绿色矩形选框，如图1-3-4 所示，此时，图形有任意一部分只要与矩形选框有交叉即可被选中，如图1-3-5所示。

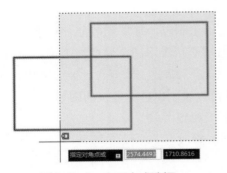
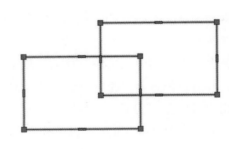

图1-3-4　交叉方式选框　　　　　　　　图1-3-5　交叉方式选中后效果

1.3.1.3　套索选择

在 AutoCAD 2023 中按住鼠标左键并拖动鼠标将进入套索选择模式，释放鼠标后，完成套索。套索提供了三种模式：窗口、交叉和栏选。创建套索后，继续按住鼠标按钮，然后按空格键，可以进行三种选择模式的切换。

与矩形框选相同，套索也可以根据所拖动选择方向的不同，进行窗口与交叉模式的切换。

按住鼠标左键并拖动鼠标以创建套索，向右拖动鼠标，将形成蓝色套索选框，如图1-3-6所示，此时，完全处在套索范围内的对象才能被选中，如图1-3-7所示。

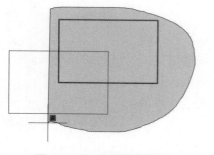

图1-3-6　窗口套索选框

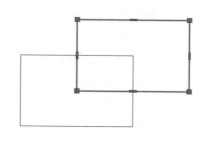

图1-3-7　窗口套索选中后效果

创建套索后如果向左拖动鼠标，将形成绿色套索选框，如图1-3-8所示，此时，有任意一部分与套索相交的对象处于选中状态，如图1-3-9所示。

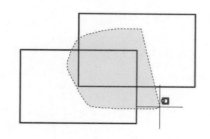

图1-3-8　交叉套索选框

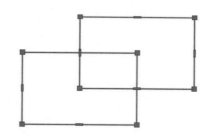

图1-3-9　交叉套索选中后效果

空格将套索切换到栏选模式，绘制栅栏，如图1-3-10所示，此时，与栅栏相交的所有对象将被选中，如图1-3-11所示。

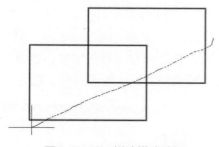

图1-3-10　栏选模式选框

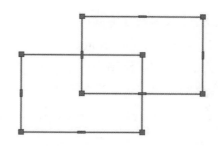

图1-3-11　栏选模式选中后效果

1.3.1.4　全部选择

在无命令状态下，输入快捷键【Ctrl+A】，或单击菜单栏下的"编辑"＞"全部选择"命令可执行对全部对象的选择，包括处于关闭状态图层下的所有图形对象。

1.3.1.5 减选

减选是在已经选定的对象基础上减去部分不需要的图形对象，在AutoCAD 2023中可按住Shift键，对需要减选的对象进行点选或框选来执行。如果需要全部取消选择，按下快捷键Esc即可。

1.3.1.6 快速选择

如果需要在大量的图形对象中选择具有某些共同特征的部分对象，可使用快速选择命令。单击菜单栏"工具">"快速选择"，或输入快捷键QSE后按空格键，打开"快速选择"对话框，如图1-3-12所示，可根据所选图形的颜色、图层、线型等相关特征来进行快速选择。

图1-3-12 "快速选择"对话框

示例1-3-1 通过颜色进行快速选择

① 打开目标文件，以图1-3-13为例，对图形中的蓝色方块进行快速选择。

② 输入快捷键QSE，打开"快速选择"对话框，在"特性栏"选择"颜色"，"值"选择目标颜色"蓝"，如图1-3-14所示。

③ 点击确定，图形中的全部蓝色对象将被选择，如图1-3-15所示。

图1-3-13 例图

图1-3-14 选择目标颜色图

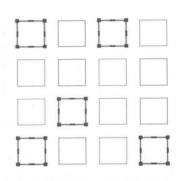

图1-3-15 完成选择

1.3.1.7 其他选择方式

除以上选择方式外，AutoCAD 2023还提供了如栏选、圈围、圈交、多个、前一个等其他选择方式，在实际绘图中应用较少。用户可以输入快捷键SEL后按空格，在命令栏出现选择对象提示时，输入"?"后空格，命令栏则会出现如图1-3-16所示的更多选项。

需要点或 窗口(W)/上一个(L)/窗交(C)/框(BOX)/全部(ALL)/栏选(F)/圈围(WP)/圈交(CP)/编组(G)/添加(A)/删除(R)/多个(M)/前一个(P)/放弃(U)/自动(AU)/单个(SI)/子对象(SU)/对象(O)

✛▾ SELECT 选择对象:

图1-3-16 "选择对象"选项

> **技巧提示:**
> ○ 实际绘图过程中，点选和矩形框选是最常使用的，但往往也需要与其它选择方式组合，来选定更复杂的图形。

○ 使用栏选的方式可以将所有与栏选直线相交叉的图形对象选定，在某些图形复杂的特殊情况下有很好的使用效果，用户可在实践操作中体会。

○ 面对需要选择复杂图形中的相同或相似图形对象时，AutoCAD提供了多种不同方式，例如在选定对象后，在右击快捷菜单中选择"选择类似对象"，可以快速对图中同类的图形进行选择；通过"快速选择"对话框，可以指定某些条件进行特征筛选，并创建所需的选择集；还可以通过输入快捷键FI，打开"对象选择过滤器"，执行更多条件下的筛选。合理地利用这些选择命令可以为制图带来较大的效率提升。

1.3.2 移动

移动是指将对象在指定的方向上移动指定的距离，用户可以通过单击"修改"面板中的"移动"工具 ✜，或输入快捷键M，然后按空格键来执行。

示例1-3-2 对图形对象进行"移动"

① 输入快捷键M后按空格键，用鼠标拾取框进行对象选择，如图1-3-17所示。

② 按空格键结束对象选择，根据命令行提示在圆心的位置捕捉基点，在图形右侧指定移动的位置点进行单击，结束移动命令，完成效果如图1-3-18所示。

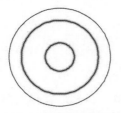
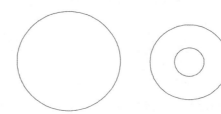

图1-3-17　选择所需移动的对象　　　　图1-3-18　移动命令完成

1.3.3 删除

在绘图过程中，用户对不需要的或是绘制错误的对象可以执行删除操作，通过单击"修改"面板中的"删除"工具 ✐，或输入快捷键E，然后按空格键来执行。

示例1-3-3 "删除"对象

① 输入快捷键E后按空格键，用鼠标从右向左进行框选，选定对象，如图1-3-19所示。

② 按下空格键执行删除操作，完成命令，如图1-3-20所示。

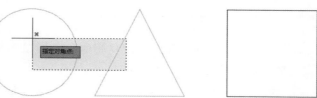

图1-3-19　框选对象　　　　　　　　图1-3-20　删除完成

1.3.4 复制

在原有图形对象的基础上进行复制，建立与原图形属性相同或相似的对象，通过单击"修改"面板中的"复制"工具 ⚙️，或输入快捷键 CO，然后按空格键来执行。默认情况下，通过选择对象并指定基点和第二点的方式进行复制，除此之外还可以通过命令行提示进行其他选项操作，例如指定位移量、改变模式、阵列复制等。

在 AutoCAD 2023 中进行对象的复制，还可以通过菜单栏下的"编辑"＞"复制"命令对对象进行复制，然后执行菜单栏下的"编辑"＞"粘贴"来完成，这种方式在多个文件之间进行对象复制时使用较多。

示例1-3-4 "复制"对象

① 选择图中 100×100 的矩形对象，如图 1-3-21 所示。

② 输入快捷键 CO 后按空格键，指定矩形左下角点为基点，然后将鼠标移动至图形下方正交方向，输入数值 120 后按空格键，然后再次按下空格键结束复制命令，如图 1-3-22 所示。

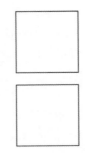

图1-3-21　选择矩形对象　　　　图1-3-22　复制完成

③ 直接按下空格键再次执行复制命令，用鼠标从右向左进行框选，选定两个矩形对象，如图 1-3-23 所示。

④ 按空格键结束对象选择，以左下角点为复制基点单击，随后输入 A 按空格键执行阵列选项，在命令行出现"输入要进行阵列的项目数"时输入 4 按空格键，将鼠标移动至

图形右侧正交方向，输入数值120后按空格键，然后再次按下空格键，完成阵列复制，如图1-3-24所示。

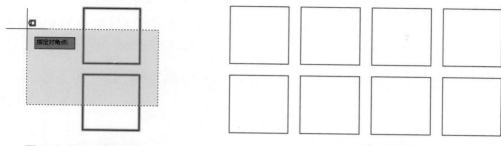

图1-3-23　框选对象　　　　　　　　图1-3-24　完成阵列复制

技巧提示：

　○ 在使用【Ctrl+C】和【Ctrl+V】进行不同文件之间图形对象的复制粘贴时，如果图形不出现或出现的位置较远，可以在复制图形时使用【Ctrl+Shift+C】的方式进行带基点复制。

　○ 如果需要对图形对象进行有规律地复制时，例如整排整列，或是沿圆、圆弧等距分布，常常使用"阵列"命令而不是"复制"命令。

1.3.5　阵列

　　阵列是按照一定的规律，成行成列，或按照路径、圆弧等进行图形对象的复制，在AutoCAD 2023中，阵列包括有矩形阵列、路径阵列和环形阵列。用户可以在"修改"面板中找到"阵列"工具组 ▦，并在其后面的三角符号下拉列表中找到矩形阵列、路径阵列 ┌┘和环形阵列 ▦。

1.3.5.1　矩形阵列

　　矩形阵列是指按照矩形成行成列地进行复制对象，可以通过单击"修改"面板中的"矩形阵列"工具 ▦，或输入快捷键AR，然后按空格键，选择对象后执行R"矩形"选项，执行命令后，系统会自动将图形进行3行4列的矩形阵列，并在命令行出现如图1-3-25所示的选项。

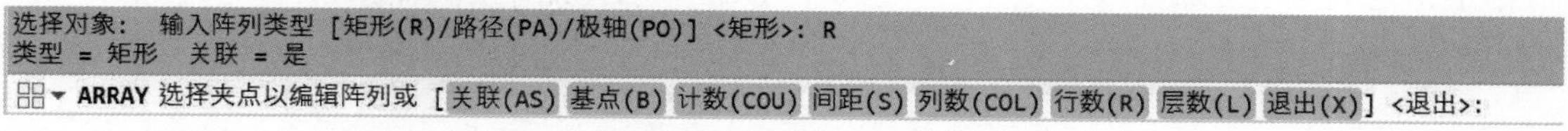

```
选择对象：　输入阵列类型 [矩形(R)/路径(PA)/极轴(PO)] <矩形>: R
类型 = 矩形　关联 = 是
▦ ▼ ARRAY 选择夹点以编辑阵列或 [关联(AS) 基点(B) 计数(COU) 间距(S) 列数(COL) 行数(R) 层数(L) 退出(X)] <退出>:
```

图1-3-25　"矩形阵列"命令行选项

各选项主要内容如下：

·关联（AS），指定所阵列的对象是关联为一体的还是独立的。

·基点（B），指定阵列基点或关键点的位置。

·计数（COU），指定阵列的列数和行数。

·间距（S），指定阵列的列间距和行间距。

·列数（COL），编辑列数和列间距，或指定起点和终点列之间的总距离。

·行数（R），编辑行数和行间距，或指定起点和终点行之间的总距离。

用户在已经完成的关联阵列对象上单击，会在功能区面板中打开"阵列"选项，如图1-3-26所示，通过调整选项的参数设置，可以对矩形阵列进行修改。

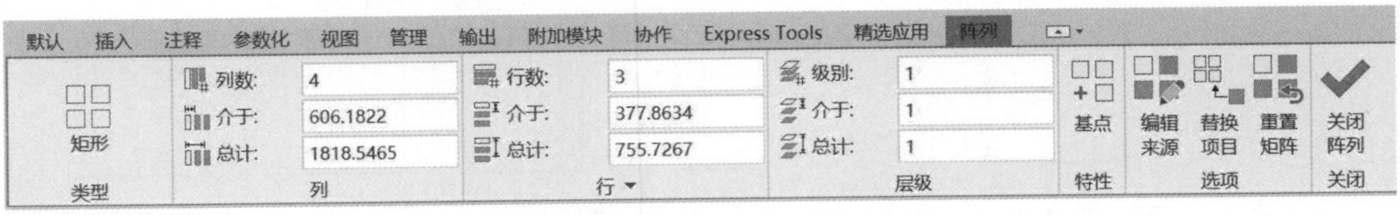

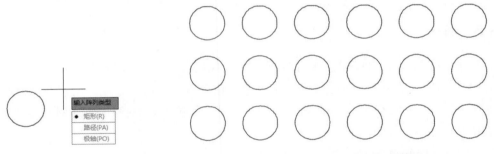

图1-3-26　"阵列"选项卡

示例1-3-5 使用"矩形阵列"命令将对象进行阵列

① 选择图中半径为50的圆形，输入快捷键AR后按空格键，再输入R后按空格键，执行"矩形"选项，如图1-3-27所示。

② 此时系统默认生成3行4列的矩形阵列，根据命令行提示输入COU后按空格键，输入列数6，行数3后按空格键，完成如图1-3-28所示的矩形阵列效果。

图1-3-27　执行"矩形阵列"命令　　　　图1-3-28　完成3行6列的矩形阵列

1.3.5.2　路径阵列

路径阵列是沿整个路径或部分路径平均分布对象的复制方式，路径可以是曲线、弧线等，可以通过单击"修改"面板中的"路径阵列"工具 ⟋，或输入快捷键AR，然后按空格键，选择对象后执行PA"路径"选项，会提示选择路径曲线，之后在命令行出现如图1-3-29所示的选项。

```
类型 = 路径　关联 = 是
选择路径曲线：
⊞▾ ARRAY 选择夹点以编辑阵列或 [关联(AS) 方法(M) 基点(B) 切向(T) 项目(I) 行(R) 层(L) 对齐项目(A) z 方向(Z) 退出(X)] <退出>：
```

图1-3-29　"路径阵列"命令行选项

在已完成的关联路径阵列上单击，同样会在功能区面板中打开"阵列"选项卡，通过调整选项卡的参数设置，可以对路径阵列进行修改。

示例1-3-6 使用“路径阵列”命令将对象进行阵列

① 选择图中的圆形，输入快捷键AR后按空格键，出现“输入阵列类型”选项，如图1-3-30所示。

② 选择“路径”选项，并单击图中多段线，系统根据默认生成路径阵列，如图1-3-31所示。

输入阵列类型
矩形(R)
路径(PA)
极轴(PO)

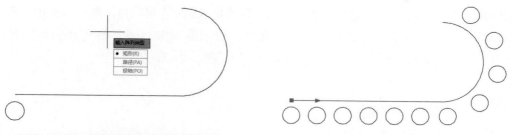

图1-3-30 执行“路径阵列”命令

图1-3-31 默认的路径阵列

③ 输入I后按空格键，执行“项目”选项，单击第一点后，再次单击如图1-3-32所示第二点，指定沿路径之间项目的距离。

④ 之后按两次空格键退出路径阵列命令，完成如图1-3-33所示效果。

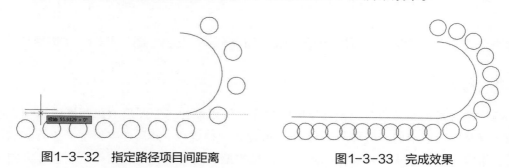

图1-3-32 指定路径项目间距离

图1-3-33 完成效果

1.3.5.3 环形阵列

环形阵列是指将对象按照某个中心点进行旋转复制，可以通过单击“修改”面板中的“环形阵列”工具 ，或输入快捷键AR，然后按空格键，选择对象后执行PO“极轴”选项，指定阵列中心点后，命令行会出现如图1-3-34所示选项。

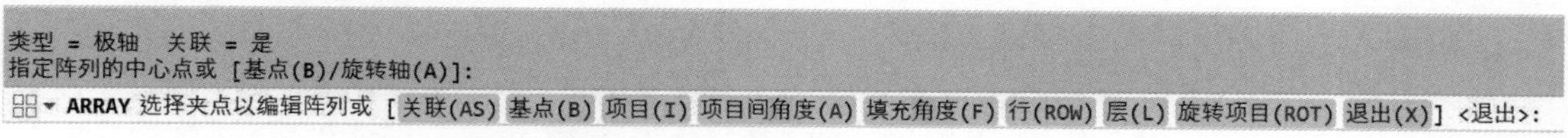

类型 = 极轴 关联 = 是
指定阵列的中心点或 [基点(B)/旋转轴(A)]:
ARRAY 选择夹点以编辑阵列或 [关联(AS) 基点(B) 项目(I) 项目间角度(A) 填充角度(F) 行(ROW) 层(L) 旋转项目(ROT) 退出(X)] <退出>:

图1-3-34 “环形阵列”命令行选项

各选项主要内容如下：

- 项目（I），指定环形阵列的项目数量。
- 项目间角度（A），指定环形阵列项目间的角度。
- 填充角度（F），指定环形阵列中第一个和最后一个项目之间的角度。
- 旋转项目（ROT），控制在排列项目时是否进行旋转。

在已完成的关联路径阵列上单击，同样会在功能区面板中打开"阵列"选项，通过调整选项的参数设置，可以对环形阵列进行修改。

示例1-3-7 使用"环形阵列"命令将对象进行阵列

① 输入快捷键AR后按空格键，用鼠标对如图1-3-35所示的两段圆弧进行框选。

② 按空格键确认选择的对象，在"输入阵列类型"选项卡中选择"极轴"选项，然后在圆形的圆心点位置单击指定为阵列中心点，默认出现6个阵列项目，如图1-3-36所示。

③ 输入I后按空格键，执行"项目"选项，输入阵列中的项目数为15后按空格键确认，再次按空格键结束环形阵列命令，完成如图1-3-37所示效果。

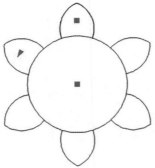

图1-3-35　选择圆弧　　　　图1-3-36　默认环形阵列　　　　图1-3-37　完成效果

1.3.6　偏移

偏移是对指定的对象执行偏移复制的操作，可以创建与原图形对象相同的副本，通过单击"修改"面板中的"偏移"工具 ⊆，或输入快捷键O，然后按空格键来执行。执行命令后，指定或键盘输入要偏移的距离，再选择要偏移的对象，最后在指定的偏移方向上单击完成操作，用户还可以通过命令行的提示进行更多的选项操作。

示例1-3-8 使用"偏移"命令对不同对象进行偏移

① 使用"直线"和"矩形"命令，分别绘制的两个边长为100的正方形，如图1-3-38所示（左侧为直线工具绘制，右侧为矩形工具绘制）。

② 输入快捷键O后按空格键，输入偏移距离为30，分别单击两个正方形的四个边线进行内侧偏移，完成后按空格键结束命令，效果如图1-3-39所示。

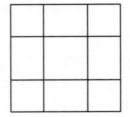
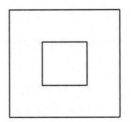

图1-3-38　不同命令绘制两个正方形　　　　图1-3-39　偏移后的不同效果

1.3.7 镜像

镜像可将指定的图形对象，按照一定的轴线进行对称的镜像复制，通过单击"修改"面板中的"镜像"工具 ▲，或输入快捷键MI，然后按空格键来执行。执行命令后可根据提示选择需要镜像的对象，并指定镜像线的位置来完成操作。

示例1-3-9 使用"镜像"命令对图形进行镜像复制

① 输入快捷键MI后按空格键，用鼠标选择三角形作为镜像对象，如图1-3-40所示。

② 按空格键确认选择对象，单击矩形的两个长边线的中点作为镜像线，如图1-3-41所示。

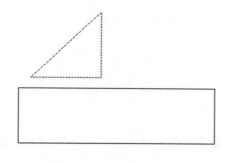

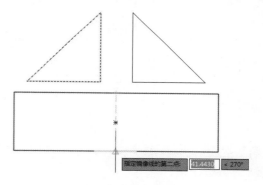

图1-3-40　选择镜像对象　　　　　　图1-3-41　指定镜像线

③ 单击后提示是否删除源对象，选择默认"否"，或直接按下空格键，完成镜像，如图1-3-42所示。

④ 再次按下空格键重复执行镜像命令，选择两个三角形作为镜像对象，指定矩形的两个短边线中点作为镜像线，完成如图1-3-43所示的效果。

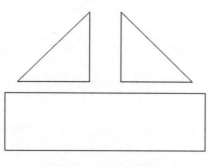

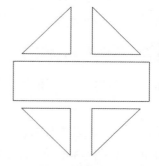

图1-3-42　完成镜像　　　　　　　　图1-3-43　最终完成效果

1.3.8　旋转

旋转可对选定的对象，按照指定基点和角度进行旋转操作，可以通过单击"修改"面板中的"旋转"工具 ○，或输入快捷键RO，然后按空格键来执行。执行命令后可根据提示选择需要旋转的对象，指定基点，并通过鼠标移动或输入角度来完成旋转，用户还可以通过命令行提示进行旋转复制、参照等选项操作。

示例1-3-10 使用"旋转"命令进行参照旋转

① 输入快捷键RO后按空格键，用鼠标选择矩形作为旋转对象后按空格键确认，单击斜线段的右侧端点作为旋转基点，如图1-3-44所示。

② 输入R后按空格键，执行"参照"选项，在出现"指定参照角"的提示后，单击矩形的右下角点，并在之后单击矩形的左下角点为第二点，如图1-3-45所示。

③ 将鼠标移动至斜线段左侧端点处单击，完成对象的参照旋转，如图1-3-46所示。

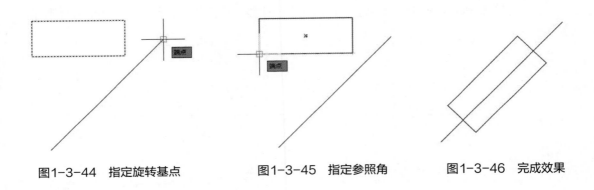

图1-3-44　指定旋转基点　　　　图1-3-45　指定参照角　　　　图1-3-46　完成效果

1.3.9　拉伸

拉伸是对窗口窗交部分包围的对象进行拉伸操作，对完全包含在窗交中的对象或单独选定的对象进行移动操作。用户可以通过单击"修改"面板中的"拉伸"工具 ⬜，或输入快捷键S，然后按空格键来执行。执行命令后可根据提示对需要拉伸的部分对象进行窗交方式的选择，之后指定基点，移动鼠标或输入数值对对象来进行拉伸操作，对不同对象进行的拉伸操作会有不同的效果，圆、椭圆和块无法被拉伸。

示例1-3-11 使用"拉伸"命令对图形进行拉伸

① 输入快捷键S后按空格键，用鼠标以矩形对象右下角为起点进行窗交，如图1-3-47所示。

② 按空格键确认选择对象，单击矩形右下角端点指定为基点，向下方拖动鼠标，在适当的位置单击，如图1-3-48所示，结束拉伸命令。

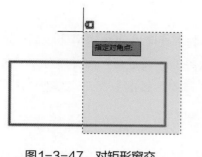

图1-3-47　对矩形窗交

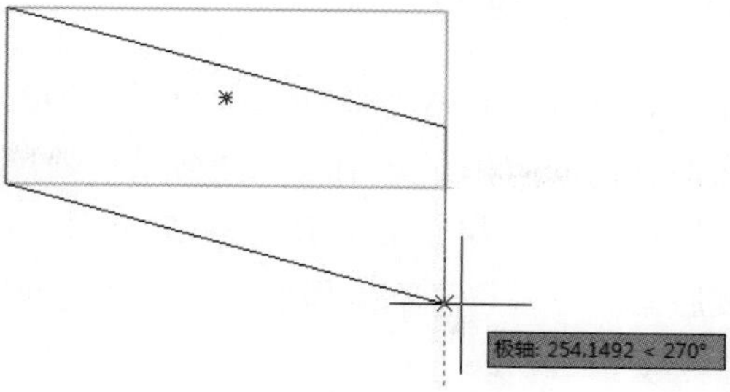

图1-3-48　拉伸矩形

③ 再次按下空格键重复执行拉伸命令，在图形右上角点位置进行窗交，如图1-3-49所示。

④ 按空格键确认选择对象，单击右上角点为基点，向右上方向拖动鼠标，在适当位置单击结束拉伸命令，如图1-3-50所示。

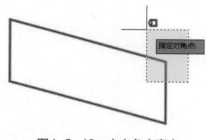

图1-3-49　右上角点窗交

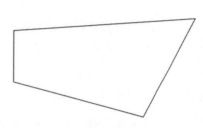

图1-3-50　拉伸命令结束

1.3.10　缩放

缩放是将选择的对象按照一定的比例进行放大或缩小，可以通过单击"修改"面板中的"缩放"工具 ，或输入快捷键SC然后按空格键来执行。执行命令后可根据提示选择需要缩放的对象，指定基点，通过输入比例因子来完成缩放操作，输入的比例因子大于1时，是放大对象，比例因子介于0和1之间时，是缩小对象。用户还可以通过命令行提示进行缩放复制或使用参照的方式进行缩放。

示例1-3-12　使用"缩放"命令对图形进行缩放

① 输入快捷键SC按空格键，将如图1-3-51所示的图形选中。

② 按空格键确认选择对象，单击将图形中心指定为基点，之后输入比例因子2后按空格键，对图形放大两倍，如图1-3-52所示。

图1-3-51　指定缩放对象

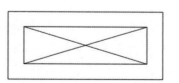

图1-3-52　放大两倍效果

1.3.11 修剪／延伸

修剪和延伸是在AutoCAD 2023中对图形进行修改操作时，使用频率非常高的两组命令，它们的使用效果正好相反。修剪是对超出图形边界的线段进行修剪并删除，延伸则是可以将图形延伸并相交于指定的边界。用户可以在"修改"面板中找到"修剪"工具 ✂️，并在其后面的三角符号下拉列表中找到"延伸"工具 ⟶｜。

1.3.11.1 修剪

单击"修改"面板中的"修剪"工具 ✂️，或输入快捷键TR然后按空格键来执行修剪命令。执行命令后，单击要修剪的对象即可完成修剪操作。命令行各选项主要内容如图1-3-53所示。

```
当前设置：投影=UCS,边=无,模式=快速
选择要修剪的对象，或按住 Shift 键选择要延伸的对象或
✂️ ▾ TRIM [剪切边(T) 窗交(C) 模式(O) 投影(P) 删除(R)]:
```

图1-3-53 "修剪"命令行选项

- 剪切边（T），指定修剪的边界或范围作为修剪的基准。
- 窗交（C），以绘制矩形框的方式确定要修剪的对象。
- 投影（P），当两条线不相交，但在视图或其他投影相交时，可以利用投影来修剪。
- 删除（R），删除点选对象。

示例1-3-13 使用"修剪"命令对图形进行修剪

① 输入快捷键TR按空格键，鼠标光标移动到修剪对象上，如图1-3-54所示。左键单击，直接完成修剪命令，如图1-3-55所示。完成后可重复修剪操作。

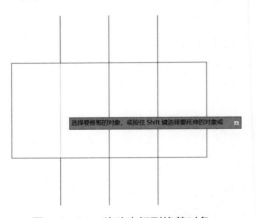

图1-3-54 移动光标到修剪对象

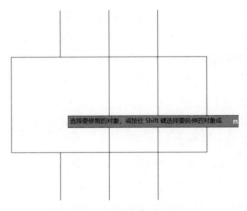

图1-3-55 左键单击完成修剪

② 输入快捷键TR按空格键，左键单击滑动选择矩形内部多个直线作为修剪目标，如图1-3-56所示。左键再次单击完成修剪命令，得到如图1-3-57所示的修剪效果。

1.3.11.2 延伸

单击"修改"面板中的"延伸"工具 ⟶｜，或输入快捷键EX然后按空格键来执行延伸

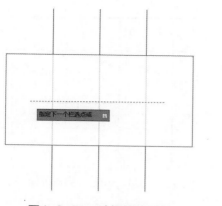
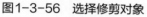

图1-3-56 选择修剪对象

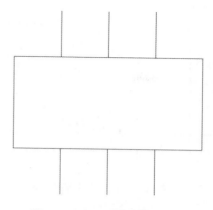

图1-3-57 完成对象修剪

命令。执行命令后，选择被延伸的对象，命令会自动将距选择端最近的非平行线作为边界完成延伸命令。命令行各选项主要内容如图1-3-58所示。

```
当前设置: 投影=UCS,边=无,模式=快速
选择要延伸的对象, 或按住 Shift 键选择要修剪的对象或
EXTEND [边界边(B) 窗交(C) 模式(O) 投影(P)]:
```

图1-3-58 "延伸"命令行选项

示例1-3-14 使用"延伸"命令对图形进行延伸

① 输入快捷键EX按空格键，随后输入B按空格键，选择矩形上方的直线段作为延伸边界，如图1-3-59所示。

② 按空格键确认选择边界对象，分别单击左侧的两条短竖线为延伸对象后，按下空格键结束延伸命令，得到如图1-3-60所示的延伸效果。

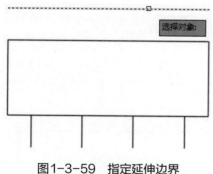

图1-3-59 指定延伸边界

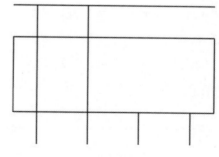

图1-3-60 完成对象延伸

③ 再次按下空格键重复执行延伸命令，随后输入C使用窗交模式，然后从图形右下角绘制矩形选择框指定右侧两条短竖线作为要延伸的对象，如图1-3-61所示。

④ 框选结束后，按空格键结束延伸命令，两条短竖线将自动延伸至与其最近的边界，得到如图1-3-62所示效果。

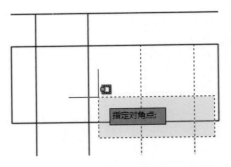

图1-3-61　框选要延伸的对象

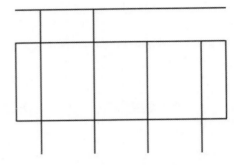

图1-3-62　完成延伸

技巧提示：

○ 在使用修剪命令时，可按住Shift键快速转变为延伸命令。同样，在使用延伸命令时，也可按住Shift键快速转变为修剪命令。

○ 在实际绘图过程中，如果出现无法进行对象修剪或延伸，可能是由多种原因导致，如果是视图刷新的问题可以执行"重生成"更正；或是通过三维视图检查对象是否在同一平面，如果不在同一平面，可将其Z轴归零解决；如果有些图块无法进行修剪或延伸，可将其"分解"后再执行。

1.3.12　分解

将一个整体的图形对象或块分解为单个对象，用户可以通过单击"修改"面板中的"分解"工具 🖼，或输入快捷键X然后按空格键来执行。

示例1-3-15 使用"分解"命令对图形进行分解

① 单击"矩形"绘图工具，绘制矩形，此时单击矩形，显示为一个整体的图形对象，如图1-3-63所示。

② 输入X后按空格键，选定矩形为分解对象，然后按下空格键执行，此时单击矩形，显示为单个对象，分解命令完成，如图1-3-64所示。

图1-3-63　整体矩形对象

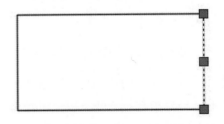

图1-3-64　分解完成

1.3.13 圆角/倒角

1.3.13.1 圆角

通过指定的半径圆弧来对相邻的两条直角边进行倒角，通过单击"修改"面板中的"圆角"工具 ⌐，或输入快捷键F，然后按空格键来执行。命令行各选项主要内容如图1-3-65所示。

```
FILLET
当前设置: 模式 = 修剪, 半径 = 0.0000
▼ FILLET 选择第一个对象或 [放弃(U) 多段线(P) 半径(R) 修剪(T) 多个(M)]:
```

图1-3-65 "圆角"命令行选项

- 多段线（P），在多段线中两条直线段相交的每个顶点处插入圆角圆弧。
- 半径（R），定义圆角圆弧的半径。
- 修剪（T），控制圆角命令是否将选定的边修剪到圆角圆弧的端点。
- 多个（M），对多组对象进行圆角。

示例1-3-16 对矩形执行"圆角"命令

① 绘制长宽为200×100的矩形对象，输入F后按空格键，执行圆角命令，在命令行输入R后按空格键，执行半径选项，输入圆角半径为50后按空格键确认，单击矩形左侧竖直线为第一对象，之后单击与之相邻的矩形上边线为第二对象，并结束命令，如图1-3-66所示。

② 再次按下空格键重复执行圆角命令，此时系统默认圆角半径为之前最近一次的输入值即50，输入M后按空格键，执行多个选项，单击其余相邻边线，并完成如图1-3-67所示效果。

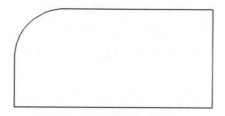

图1-3-66 执行圆角命令

图1-3-67 完成效果

1.3.13.2 倒角

将相邻的两条直角边进行倒角，通过单击"修改"面板中的"倒角"工具 ⌐，或输入快捷键CHA，然后按空格键来执行。命令行各选项主要内容如图1-3-68所示。

```
CHAMFER
("修剪"模式) 当前倒角距离 1 = 0.0000, 距离 2 = 0.0000
▼ CHAMFER 选择第一条直线或 [放弃(U) 多段线(P) 距离(D) 角度(A) 修剪(T) 方式(E) 多个(M)]:
```

图1-3-68 "倒角"命令行选项

·多段线（P），对整条多段线倒角。

·距离（D），指定两个倒角的距离。

·角度（A），用第一条直线的倒角距离和第二条直线的角度设置倒角距离。

·方式（E），控制倒角命令的执行方式，是指定两个距离还是一个距离一个角度。

示例1-3-17 对矩形执行"倒角"命令

① 绘制长宽为200×100的矩形对象，输入CHA后按空格键，执行倒角命令，在命令行输入D后按空格键，执行距离选项，输入第一个倒角距离为30后按空格键确认，再输入第二个倒角距离为100后按空格键，退出距离选项，单击矩形左侧竖直线为第一对象，之后单击与之相邻的矩形上边线为第二对象，并结束命令，如图1-3-69所示。

② 再次按下空格键重复执行倒角命令，输入D后按空格键，输入两个倒角距离均为50并确认后，输入M按空格键，执行多个选项，单击其余相邻边线，并完成如图1-3-70所示倒角效果。

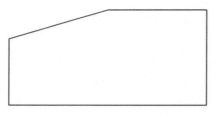

图1-3-69　执行倒角命令

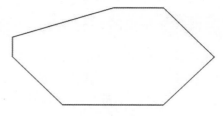

图1-3-70　完成倒角

示例1-3-18 两种特殊情况下的"圆角"命令（同样适用于"倒角"命令）

① 不相交或未连接的线之间同样可以执行"圆角"命令，绘制如图1-3-71所示的三条并不相交的直线段，横线段长度200，竖线段长度100，输入F后按空格键，再输入R后按空格键，输入圆角半径为0后，单击左侧竖线段和横线段，两条线延伸并相交，完成命令。再次按空格键重复圆角命令，并指定圆角半径为50，对另外一边执行命令，完成如图1-3-72所示效果。

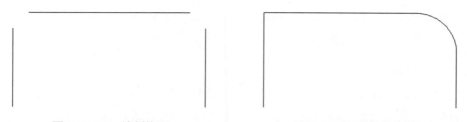

图1-3-71　绘制线段　　　　　　　　　　　　图1-3-72　命令完成

② 如需对多段线的每一段端点处均进行圆角处理，如图1-3-73所示，可输入F后按空格键，指定合适的圆角半径后，输入P按空格键执行多段线选项，并指定对象完成操作，如图1-3-74所示（根据各线段长度和圆角半径的不同，可能会出现部分线段间无法实现圆角的情况）。

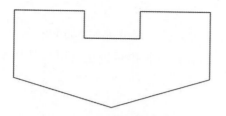

图1-3-73 多线段对象

图1-3-74 圆角完成效果

技巧提示:

○ 当出现无法圆角或倒角,并提示"两个图元不共面"时,说明两条线不在同一个平面上,可按【Ctrl+1】打开"特性"选项板,查看对象特性,将其中的标高修改为0后即可。

○ 在进行圆角或倒角过程中,如出现"圆角半径太大"或"倒角距离太大"时,表示指定的圆角半径或倒角距离已经大于其中的一个对象,无法进行操作,此时只需将半径或距离改小即可。

○ 对于平行线、图块和处于外部参照中的图形无法进行圆角或倒角。

1.3.14 编辑夹点

夹点是图形对象上的控制点,在AutoCAD 2023中,用户可以对夹点进行选择并编辑,实现对图形对象的拉伸、移动、缩放和镜像等操作。

在需要编辑的图形对象上单击进行选择,此时对象上会出现若干蓝色小方格,即对象夹点,如图1-3-75所示,在任意一点上单击鼠标,此点会变为红色显示,并进入夹点编辑状态,如图1-3-76所示(也可在出现蓝色夹点后,按住Shift键对多个夹点进行选择,然后在任意一个夹点单击,进入多个夹点编辑状态)。

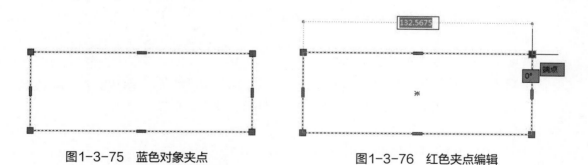

图1-3-75 蓝色对象夹点　　　　图1-3-76 红色夹点编辑

1.3.14.1 拉伸

在出现的蓝色夹点单击后,夹点变为红色显示,此时即进入拉伸操作模式,可以在命令行的提示下,对单个或多个夹点进行指定的拉伸操作,还可以指定基点、拉伸的同时对夹点对象进行复制等。

1.3.14.2　移动

单击对象夹点进入夹点编辑状态后，直接按下空格键，即可进入移动操作模式，此时可以以指定的夹点为基点对图形对象进行移动，结合命令行提示，也可以另外指定基点，或执行复制等操作。

1.3.14.3　旋转

单击对象夹点进入夹点编辑状态后，连续按2次空格键，即可进入旋转操作模式，此时可以以指定的夹点为基点对图形对象进行旋转操作，结合命令行提示，也可以另外指定基点，或执行旋转复制、进行参照旋转等操作。

1.3.14.4　缩放

单击对象夹点进入夹点编辑状态后，连续按3次空格键，即可进入比例缩放操作模式，此时可以以指定的夹点为基点，并通过指定比例因子，对图形对象进行缩放操作，结合命令行提示，也可以另外指定基点，或执行缩放复制、进行参照缩放等操作。

1.3.14.5　镜像

单击对象夹点进入夹点编辑状态后，连续按4次空格键，即可进入镜像操作模式，此时可以以指定的夹点为基点，并通过指定第二点来确定镜像线，对图形对象进行镜像操作，结合命令行提示，也可以另外指定基点，或执行镜像复制等。

1.3.15　编辑多段线

对于已经创建完成的多段线，用户可以通过单击"修改"面板中的"编辑多段线"工具 ✑，或输入快捷键PE，然后按空格键来执行，执行并选择多段线后，光标位置会显示如图1-3-77所示的"输入选项"菜单，同时命令行也会出现同样的选项内容。

各选项主要内容包括：

· 闭合（C），将未闭合的多段线闭合。

· 合并（J），将连接在一起的多条直线或多段线合并为一个整体。

· 宽度（W），修改指定多段线的宽度。

· 编辑顶点（E），执行后会出现子选项，可对顶点和与之相邻的线段进行编辑修改，这些子选项包括：打断、插入、重生成、拉直、切向、宽度等。

· 线型生成（L），可控制非连续线型多线段顶点处的线型。

图1-3-77　输入选项

示例1-3-19　对已完成的多段线进行编辑

① 输入PE后按空格键，执行"编辑多段线"命令，选择如图1-3-78所示的多段线。

② 在弹出的"输入选项"菜单中选择"宽度"，并输入新宽度20后按空格键确认，再次选择"闭合"选项后按空格键，结束命令，如图1-3-79所示效果。

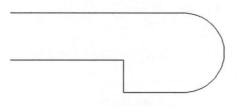

图1-3-78 选择多段线

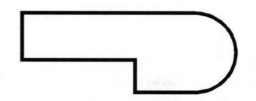

图1-3-79 完成"编辑多段线"

技巧提示:

○ 当对非多段线执行"编辑多段线"时,系统会提示"是否将其转换为多段线",此时选择默认Y确认后即可对其进行编辑。

○ 在需要同时对多条多段线进行编辑时,可在执行命令后,在命令行输入M,并依次选择需要编辑的多段线。

1.4 文本和尺寸的标注

文字标注是AutoCAD 2023中必不可少的图形元素,用于记录或表达各种信息,通常体现在设计说明、材料名称、技术指标等内容上。尺寸标注是工程绘图中的一项重要内容,通常用于注释图形的真实形状位置或大小尺寸等。两者都是绘图过程中的重要环节,用户可以在"功能区面板"中"默认"选项卡下找到"注释"面板,如图1-4-1所示,也可在菜单栏中找到"标注"下拉菜单。

图1-4-1 "注释"面板

1.4.1 创建文字样式

在AutoCAD 2023中进行文字标注之前,首先需要对文字的样式进行设置,这样可以使绘制的图纸内容更加丰富、规范、标准且美观。用户可以通过单击"注释"面板中的"文字样式"工具 A,或输入快捷键ST,然后按空格键来打开"文字样式"对话框,如图1-4-2所示。

在"文字样式"对话框中,用户可以对文字进行如下设置:

1.4.1.1 设置样式名称

在"文字样式"对话框中,用户可以对文字样式进行新建、删除和重命名等操作。

·新建,单击新建按钮后会出现

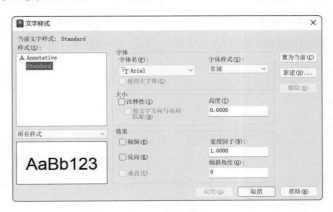

图1-4-2 "文字样式"对话框

"新建文字样式"对话框，可在文本框中输入新的样式名。

- 删除，可将样式列表中选定的文字样式进行删除。
- 重命名，右击样式列表中的文字样式，并在弹出的快捷菜单中选择"重命名"，可对选定的文字样式重新命名。

1.4.1.2 设置字体、大小和效果

在"文字样式"对话框中，用户可以对文字样式的字体、大小和效果进行设置，包括字体名、字体样式、高度、颠倒、反向、宽度因子等。

- 字体，在"字体名"下拉列表中，可以选择需要的字体名称，并在"字体样式"中选择常规、斜体、粗体、粗斜体。
- 大小，可以指定文字是否为注释性，并设置文字的高度。
- 效果，可以选择文字是否颠倒、反向，并可指定宽度因子和倾斜角度。

> **技巧提示：**
>
> ○ 在AutoCAD 2023中字体分为两种：一种为默认的True Type字体，后缀名"TTF"，特点是质量高、样式多并便于多平台移植；另一种为AutoCAD专有字体，后缀名"SHX"，特点是文件小、速度快，但美观度不足。
>
> ○ 在打开AutoCAD文件时，可能会出现字体无法正确显示的问题，可以尝试在出现"指定字体给样式"对话框后，在"大字体"列表中选择简体中文"gbcbig.shx"，或在打开文件后，选择无法正确显示的字体，更换为其它文字样式来尝试解决。

1.4.2 创建与编辑多行文字

当需要在AutoCAD 2023中输入复杂、多段落的文字注释信息时，通常使用"多行文字"工具。该命令会创建一个单个的整体文字对象，用户可以对其字体、字号、对齐方式等进行选项编辑，还可以对其进行移动、删除、复制、旋转等操作。

1.4.2.1 创建多行文字

用户可以通过单击"注释"面板中的"多行文字"工具 **A**，或输入快捷键T，然后按空格键来执行。执行命令后，根据提示指定第一角点和对角点来绘制文本框，此时在出现的文本框中即可输入文字，如图1-4-3所示。

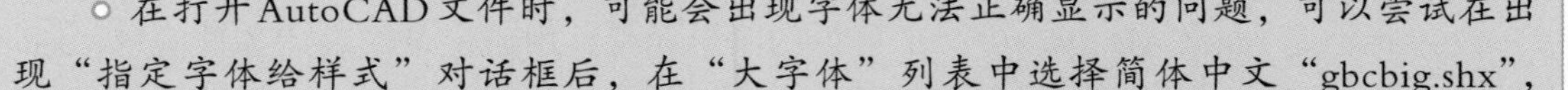

AtuoCAD 2023

图1-4-3 "多行文字"文本框

此时，功能区面板会自动切换到"文字编辑器"面板，用户可以对在文本框中输入的文字进行选定，并通过"文字编辑器"面板对其样式、字体、颜色、文字效果、段落对齐方式等属性进行修改设置，如图1-4-4所示，输入文字并设置完成后，可单击"文字编辑器"面板中的"关闭"按钮或按下【Ctrl+Enter】键，来结束命令。

图1-4-4 "文字编辑器"面板

1.4.2.2 编辑多行文字

用户可以在已经建立的多行文字上双击，即可打开文本框和"文字编辑器"面板，此时可以对需要修改的文字进行选定，并通过面板对其属性进行修改。

用户还可以通过按下【Ctrl+1】来打开"特性"选项板，并选定已建立的多行文字，并在选项板中对其各类属性进行修改。

1.4.3 创建与编辑单行文字

单行文字是将输入的每一行文字作为一个独立的文字对象，通常用于不需要换行的少量文字中，例如标注、标签等。

1.4.3.1 创建单行文字

用户可以通过单击"注释"面板中的"单行文字"工具 **A**，或输入快捷键TEXT，然后按空格键来执行。执行命令后，系统会提示"指定文字的起点"，在指定起点后会提示"指定高度"，可以通过键盘输入或鼠标指定的方式确定文字的高度，然后指定"文字的旋转角度"后，即可在文本框中输入文字。

用户在输入过程中，可以随时在任意位置单击指定另外一个单行文字的起点并输入，也可以在输入过程中按回车键换行，但换行后的文字属于不同的独立对象。输入完成后，可连续按下两次回车键确认输入，并退出命令。

在命令执行过程中，用户还可以通过命令行的提示选项，对单行文字的对正方式和样式进行设置。

1.4.3.2 编辑单行文字

用户可以在已经建立的单行文字上双击，即可在打开的编辑文字对话框中对文字的内容进行相应的编辑。

用户还可以通过按下【Ctrl+1】来打开"特性"选项板，选定已建立的单行文字，并在选项板中对其各类属性进行修改。

> **技巧提示：**
>
> ○ 对于一般的简单文字注释，较常使用单行文字，因为其格式更加简单小巧、更便于编辑。
>
> ○ 当需要对输入的多行文字转变为单行文字时，只需要将其"分解"（EXPLODE）即可；当需要将单行文字转变为多行文字时，可在选定单行文字后，在命令行输入"TXT2MTXT"执行即可。

○ 当需要输入一些特殊符号，例如直径φ、度数。时，可以使用控制符，常见的有：%%C代表直径符号（φ），%%D代表度数符号（°），%%P代表正负号（±）等。对于更多特殊符号的输入可以在多行字体的"文字编辑器"中找到"符号"选项@，并在其下拉列表中选择并插入。

1.4.4 创建标注样式

一个完整的尺寸标注一般由尺寸线、尺寸界线、箭头和标注文字组成。在AutoCAD 2023中，用户可以对标注的样式进行设置，以满足不同的标准要求。用户可以通过单击"注释"面板中的"标注样式"工具 ，或输入快捷键D，然后按空格键来打开"标注样式管理器"对话框，如图1-4-5所示。

对话框中的主要选项内容如下：

·样式，列出图形中已有标注样式，当前使用的样式以蓝色高亮显示。

·列出，在"样式"列表中控制样式显示。

·预览，对当前选定的标注样式进行图示预览。

·新建，创建新的标注样式。

·修改，打开"修改标注样式"对话框，对"样式"列表中选定的标注样式进行修改。

1.4.4.1 新建标注样式

单击"标注样式管理器"对话框中的"新建"按钮，打开"创建新标注样式"对话框，如图1-4-6所示。在该对话框中可以对新建样式的名称、基础样式等进行编辑。

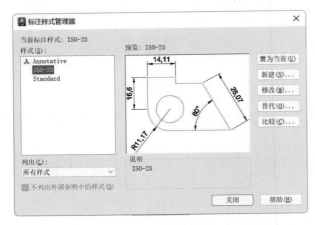

图1-4-5 "标注样式管理器"对话框

图1-4-6 "创建新标注样式"对话框

完成后单击"继续"按钮，系统会打开"新建标注样式"对话框，如图1-4-7所示，该对话框有7个对应的选项，分别是线、符号、箭头、文字、调整、主单位、换算单位和公差。

1.4.4.2 设置线、符号和箭头

在"线"选项中，用户可以对尺寸线、尺寸界线等相关选项进行设置，包括尺寸线和

尺寸界线的颜色、线型、线宽、超出标记、基线间距、隐藏方式、超出尺寸线、起点偏移量等，如图1-4-7所示。

在"符号和箭头"选项中，可以对箭头、圆心标记、折断标注、弧长符号等相关选项进行设置，包括箭头和引线的样式、箭头大小、圆心标记的样式、折断标注的大小、弧长符号的样式等，如图1-4-8所示。

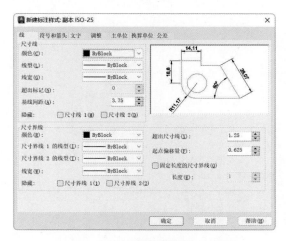

图1-4-7 "新建标注样式"对话框　　　　图1-4-8 "符号和箭头"选项卡

1.4.4.3　设置文字和调整

在"文字"选项中，用户可以对文字外观、位置、对齐方式等相关选项进行设置，包括文字的样式、颜色、填充颜色、高度、垂直位置、水平位置、对齐具体方式等，如图1-4-9所示。

在"调整"选项中，可以对调整选项、文字位置、标注特征比例、优化等相关选项进行设置，如图1-4-10所示。

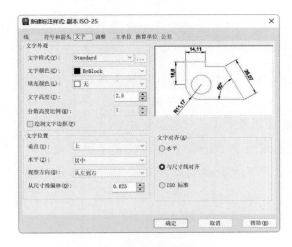
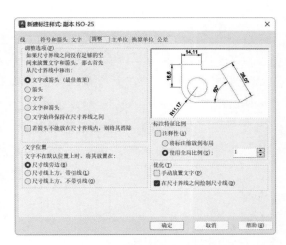

图1-4-9 "文字"选项　　　　　　　　图1-4-10 "调整"选项

1.4.4.4 设置主单位、换算单位和公差

在"主单位"选项中，用户可以对线性标注和角度标注的相关选项进行设置，包括线性标注和角度标注的单位格式、精度、测量单位比例因子、消零等，如图1-4-11所示。

在"换算单位"选项中，用户可以对换算单位、消零、位置的相关选项进行设置，如图1-4-12所示。

在"公差"选项中，用户可以对公差格式、换算单位公差的相关选项进行设置，包括方式、精度、上下偏差、高度比例、垂直位置、消零等，如图1-4-13所示。

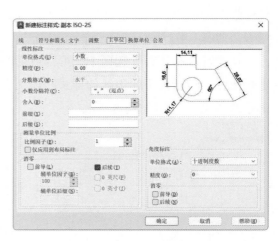

图1-4-11 "主单位"选项

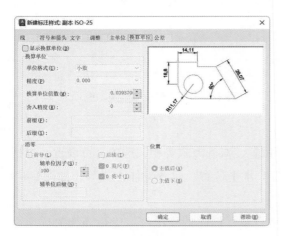

图1-4-12 "换算单位"选项

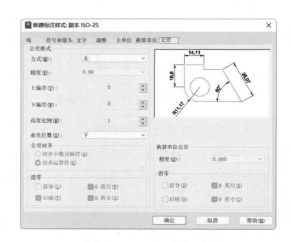

图1-4-13 "公差"选项

技巧提示：

● 标注样式的设置通常与图纸的打印比例相对应，以便于出图时各种比例打印的标注能够统一规范，在大多数设计单位都有自己的标注样式模板可以套用，这样可以保证图纸标注的一致性，更加方便快捷。

● 在一些CAD类的专业设计软件中，例如浩辰CAD、天正建筑等，只需要在绘图之前设置好出图比例，在进行文字和尺寸标注时，软件会自动与设置的出图比例相对应，无需自己对文字和标注样式进行设置，这就大大提高了制图效率并更符合制图标准。

1.4.5 尺寸标注类型

在AutoCAD 2023中提供了多种尺寸标注的类型来应对不同种类的图形，在实际绘图

过程中常使用到的包括：

1.4.5.1　线性标注

单击"注释"面板中的"线性"工具 ⊢⊣，或输入快捷键DIML，然后按空格键来执行。之后，可以通过指定两条尺寸界线的原点及指定尺寸线位置来完成尺寸标注，也可以通过命令行的提示进行更多的选项操作，包括自定义标注文字、设置旋转角度、水平或垂直尺寸标注、通过选择对象进行标注等。

1.4.5.2　对齐标注

单击"注释"面板中的"对齐"工具 ↖，或输入快捷键DIMA，然后按空格键来执行。之后，可以通过指定两条尺寸界线的原点及指定尺寸线位置来完成尺寸标注。

1.4.5.3　基线标注

执行"标注"菜单栏下的"基线"命令 ⊢⊣，或输入快捷键DIMB，然后按空格键来执行。然后，通过选择基准标注，并指定之后的标注原点来完成（此命令必须先选取一个基准标注才可以执行）。

1.4.5.4　连续标注

执行"标注"菜单栏下的"连续"命令 ⊢⊢⊢，或输入快捷键DIMC，然后按空格键来执行。然后，通过选择连续标注，并指定之后的标注原点来完成（在使用该命令前，要标注的对象必须有一个尺寸标注）。

示例1-4-1 分别使用线性、对齐、基线、连续四种方式对图形进行尺寸标注

① 单击"注释"面板中的"线性"工具，通过指定两个端点和尺寸线位置的方式完成线性尺寸标注，如图1-4-14所示。

② 单击"注释"面板中的"对齐"工具，通过指定两个端点和尺寸线位置的方式完成对齐尺寸标注，如图1-4-15所示。

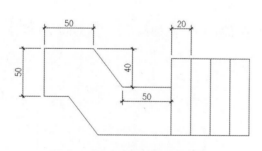

图1-4-14　完成"线性"标注

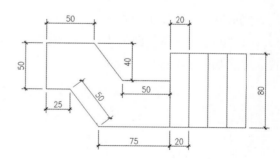

图1-4-15　完成"对齐"标注

③ 执行"标注"菜单栏下的"基线"命令，输入S执行"选择"选项，选择图形上方数值为20的标注为基准标注，然后依次指定界线原点，完成如图1-4-16所示效果。

④ 执行"标注"菜单栏下的"连续"命令，输入S执行"选择"选项，选择图形下方数值为20的标注为连续标注，然后依次指定界线原点，完成如图1-4-17所示效果。

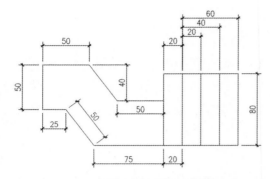

图1-4-16 完成"基线"标注

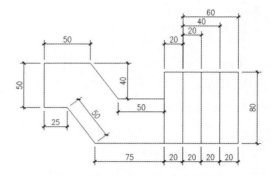

图1-4-17 完成"连续"标注

1.4.5.5 角度标注

单击"注释"面板中的"角度"工具 △，或输入快捷键DIMAN，然后按空格键来执行。之后，可以对所需标注角度的圆、圆弧或直线进行选择，并指定标注弧线的位置。

1.4.5.6 半径标注

单击"注释"面板中的"半径"工具 ⊙，或输入快捷键DIMR，然后按空格键来执行。之后，选择要标注的圆弧或圆，并指定尺寸线的位置来完成标注。

1.4.5.7 直径标注

单击"注释"面板中的"直径"工具 ⊘，或输入快捷键DIMD，然后按空格键来执行。之后，选择要标注的圆弧或圆，并指定尺寸线的位置来完成标注。

1.4.5.8 弧长标注

单击"注释"面板中的"弧长"工具 ⌒，或输入快捷键DIMAR，然后按空格键来执行。之后，选择要标注的圆弧或弧线段，并指定弧长标注位置来完成标注。

示例1-4-2 分别使用角度、半径、直径、弧长四种方式对图形进行尺寸标注

① 单击"注释"面板中的"角度"工具，指定并在图中所示的直线段间进行角度标注，完成效果如图1-4-18所示。

② 单击"注释"面板中的"半径"工具，选择图形中右侧的圆形，并指定尺寸线位置，完成如图1-4-19所示效果。

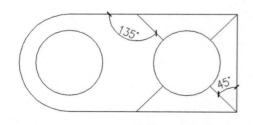

图1-4-18 完成"角度"标注

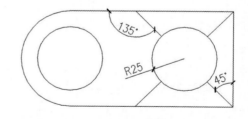

图1-4-19 完成"半径"标注

③ 单击"注释"面板中的"直径"工具，选择图形中左侧的圆形，并指定尺寸线位置，完成如图1-4-20所示效果。

④ 单击"注释"面板中的"弧长"工具，选择图形左侧的弧线段，并指定弧长标注位置，完成如图1-4-21所示效果。

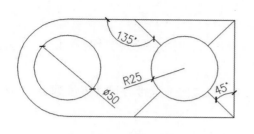

图1-4-20 完成"直径"标注

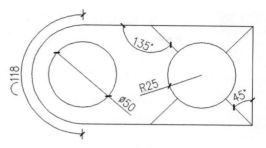

图1-4-21 完成"弧长"标注

1.4.5.9 快速标注

执行"标注"菜单栏下的"快速标注"命令，或输入快捷键QD，然后按空格键来执行。然后，通过选择要标注的几何图形，并根据命令行提示进行更多选项操作，包括连续、并列、基线、坐标、半径、直径等。

1.4.5.10 多重引线标注

多重引线多用于对图形对象中的某些部分进行引线和文字的说明，使图纸表达更加清晰，用户可以在"注释"面板中找到"多重引线样式"按钮，在打开的"多重引线样式管理器"中对各选项进行详细的设置，如图1-4-22、图1-4-23所示。

图1-4-22 "多重引线样式管理器"对话框

图1-4-23 选项设置

在各选项中，用户可以对引线格式，例如类型、颜色、线型、箭头符号的样式、大小等进行设置；可以对引线结构，例如约束、基线设置、比例等进行设置；还可以对内容，例如多重引线的类型、文字格式、文字角度、文字颜色、引线连接等进行修改。设置完成后，可以单击"注释"面板中的"引线"工具，或输入快捷键MLEA，然后按空格键来执行。

1.4.5.11 标注

用户可以在"注释"面板中找到"标注"大按钮，或输入快捷键DIM，然后按空格键来创建多种类型的标注。使用该命令时，系统会自动为所选取对象指定合适的标注类型，这些类型可以是常见的水平标注、垂直标注、线性标注、半径标注、直径标注等，也可以根据命令行提示进行更多类型选项的操作。

示例1-4-3 为景观花钵立面图添加标注

① 输入DIM后按空格键，执行"标注"命令，选择图中的两处尺寸界线原点，完成如图1-4-24所示的线性标注。

② 输入C后按空格键，执行"连续"标注选项，依次向下选择各尺寸界线原点，并完成如图1-4-25所示的连续标注。

图1-4-24　线形标注

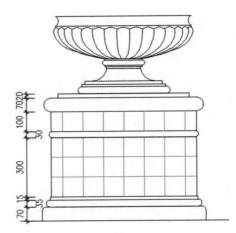

图1-4-25　连续标注

③ 继续执行线性标注，对其余尺寸进行标注，完成如图1-4-26所示效果。

④ 单击"注释"面板中的"半径"工具，选择图形中的各处圆弧，并指定尺寸线位置，完成半径标注，如图1-4-27所示效果。

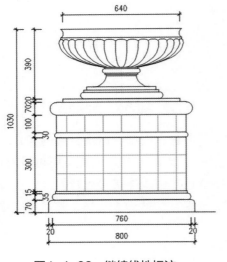

图1-4-26　继续线性标注

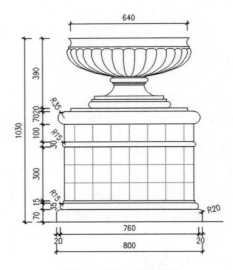

图1-4-27　半径标注

⑤ 单击"注释"面板中的"多重引线样式"工具，在弹出的"多重引线样式管理器"

中进行新建样式，并做出适当的设置，然后单击"注释"面板中的"引线"工具 ，完成如图1-4-28所示的多重引线标注。

⑥ 继续执行多重引线标注命令，对图纸的其他内容进行标注，完成如图1-4-29所示效果。

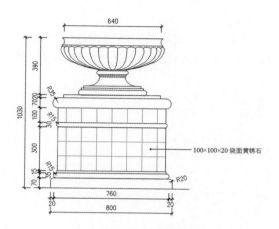

图1-4-28　多重引线标注

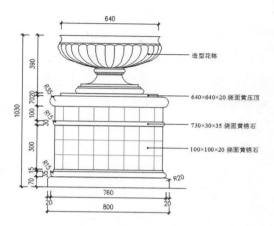

图1-4-29　完成效果

1.5　图块、外部参照和打印设置等

对于园林景观专业图纸绘制来说，在 AutoCAD 2023 中还有以下命令和工具是需要了解并合理运用的，它们是：图块的特点和使用方式、外部参照的作用和使用方法、模型空间与布局空间、输出打印的相关参数设置等。

1.5.1　图块的特点和使用方式

在 AutoCAD 绘图过程中，经常会需要插入一些有着相同内容的图形符号，如果将这些重复绘制的图形创建成图块，再插入到图形中，可以极大地提高作图效率和绘图质量，并更利于后续的修改操作，是绘制复杂图纸图形的重要组成部分。

用户可以在"功能区面板"中"默认"选项卡下找到"块"面板，如图1-5-1所示。

1.5.1.1　图块的特点

图块是一组图形实体的总称，是多个图形组成的对象集合，在应用过程中，图块可以作为一个独立的、完整的对象根据需要插入到图形任意指定位置。在 AutoCAD 中，图块具有以下特点：

图1-5-1　"块"面板

· 提高绘图效率，将图形中需要反复出现的对象进行组块，需要时插入，将重复绘制的工作简化，提高绘图速度。

· 保证绘图质量，以块的方式插入图形，避免了重复绘制过程中可能出现的绘图偏差。

· 节省图纸存储空间，大量的重复绘制会占据较大的存储空间，使用图块则可以避免反复存储带来的空间浪费。

· 便于后续修改，如果需要对反复出现的图形进行编辑，只需要对图块进行修改，系统会对图纸中的所有图块进行自动更新，非常方便。

1.5.1.2 创建块

单击"块"面板中的"创建"工具 ，或输入快捷键 B，然后按空格键来执行创建块。执行命令后，系统会打开"块定义"对话框，如图 1-5-2 所示，在完成对话框中的各选项设置后，按下确定，即可完成块的创建。对话框中各选项的主要功能如下：

· 名称，用于定义块的名称。

· 基点，用于指定块的插入基点，可以输入 X、Y 和 Z 的数值，也可以单击"拾取点"，在绘图区中指定基点。

图1-5-2 "块定义"对话框

· 对象，用于选择定义图块包含的对象，可以单击"选择对象"按钮在绘图区中选择对象，并确定创建块后这些对象的状态，是保留、转换为块，还是删除。

· 方式，用于设置插入后的图块是否为注释性，及是否允许分解、比例缩放等。

示例1-5-1 使用"创建块"命令，创建块

① 输入 B 后按空格键，执行"创建块"命令，打开"块定义"对话框，在名称栏输入"方形树池"，单击"选择对象"按钮，如图 1-5-3 所示。

② 在绘图区将图形对象进行框选，如图 1-5-4 所示。

图1-5-3 单击"块定义"按钮

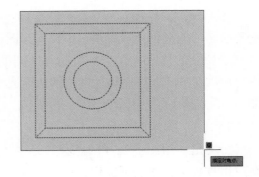

图1-5-4 框选对象

③ 选择对象后，按空格键确认并回到对话窗口，单击"拾取点"按钮，回到绘图区点击图形中心点为基点，如图 1-5-5 所示。

④ 返回对话窗口后，单击"确定"，完成图块"方形树池"的创建，如图 1-5-6 所示。

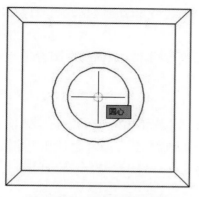

图1-5-5　指定圆心为基点

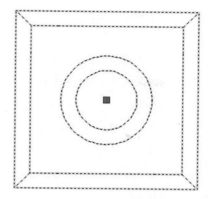

图1-5-6　完成创建

1.5.1.3　存储块

通过"创建块"命令创建的块存在于图形内部，只能在当前文件中调用，用户也可以根据需要对块进行外部存储，以便于在其他文件中使用。通过输入快捷键 WB，然后按空格键来执行，会打开"写块"对话框，如图 1-5-7 所示，对话框中各选项主要功能如下：

·块，将已经创建好的块进行外部存储。

·整个图形，将文件中的全部图形写入块存储。

·对象，通过在绘图区选择对象写入块并存储，并可通过"拾取点"来指定基点。

·文件名和路径，用于指定块存储的名称和路径位置。

1.5.1.4　插入块

单击"块"面板中的"插入"工具 ，或输入快捷键 I，然后按空格键来执行插入块。执行命令后，系统会打开"插入"对话框，如图1-5-8所示，对话框中各选项的主要功能如下：

图1-5-7　"写块"对话框

图1-5-8　"插入"对话框

·过滤器，在此下拉菜单中可以选择要插入的内部图块，也可以单击 按钮，打开"选择图形文件"对话框来选定外部图块。

- 插入点，指定插入图块基点的位置，可以输入 X、Y 和 Z 的数值，也可以在屏幕绘图区指定。
- 比例，指定块的插入比例，可勾选"统一比例"复选框，指定相同比例。
- 旋转，指定插入块时的旋转角度。

1.5.1.5 编辑块

单击"块"面板中的"编辑"工具 ，或在需要编辑的块上进行双击，或输入快捷键 BE，然后按空格键，均可执行编辑块命令。执行以上操作后，系统会打开"编辑块定义"对话框，在列表中选择要编辑的块，然后单击"确定"，功能区面板会自动切换到"块编辑器"面板，如图1-5-9所示。

图1-5-9 "块编辑器"面板

在"块编辑器"面板下，用户可以对块的图形内容进行修改编辑，还可以对面板中的各类选项参数进行调整，包括打开/保存、几何、标注、管理、操作参数、可见性等，完成块编辑后，可在面板中单击"保存块"，并选择"关闭块编辑器"退出块编辑。

> **技巧提示：**
> ○ 在需要对图块进行分解时，可以单击选定要分解的图块，输入 X 后按空格键，执行"分解"命令即可完成。
> ○ 用户可以通过菜单栏中的"文件">"输出"打开"输出数据"对话框，在"文件类型"下拉列表中选择"块"，指定保存目录和名称后单击保存，即可对文件中的整个图形或指定的图块进行输出保存。
> ○ 在将定义的图块插入指定图层时，可能会出现图块的颜色等属性与插入图层不一致的情况，原因是在定义图块时图形对象不在0层中，因此，在大部分情况下，要在0层进行定义图块。

1.5.2 外部参照的作用和使用方法

外部参照可以将整个图形作为参照图附着到当前图形中，是一种比图块更加灵活的图形引用方式，如果外部参照的源文件图形被修改，那么当前包含有外部参照的图形也会自动更新，是一种更方便、更准确和更利于图纸共享的工作方式。用户可以在"功能区面板"中"插入"选项下找到"参照"面板，如图1-5-10所示。

图1-5-10 "参照"面板

1.5.2.1　外部参照的作用

外部参照是在园林景观图纸绘制过程中，特别是施工图阶段经常使用到的一种绘图方式，它会使图纸内容更加规范、清晰，绘图过程更加准确、高效，编辑修改更加迅速、快捷，其主要作用和优势体现在：

- 标准化出图，使用外部参照绘图可以保证各专业的图纸修改同步进行，避免可能出现的错误，保证图纸内容的一致性。
- 减少文件存储空间，将文件以外部参照的方式插入图形，只是链接的文件路径，并非真正插入，因此不会显著提高图形文件的大小，利于提高图形的生成速度。
- 提高绘图效率，面对可能存在的图形修改，可以通过编辑外部参照图形文件的方式进行自动更新，大大节省修改图纸的时间。
- 方便协同设计，针对不同的设计图纸内容可以分派给不同的设计人员，并方便后续的文件整合归档。

1.5.2.2　附着外部参照

要使用外部参照进行绘图，首先要附着外部参照，单击"参照"面板中的"附着"命令 🗎，会打开"选择参照文件"对话框，如图1-5-11所示，在查找范围中找到要附着的外部参照文件后，单击面板中的"打开"，之后系统会弹出"附着外部参照"对话框，如图1-5-12所示，用户可在此进行相关选项的设置，并将选中的文件以外部参照的形式插入当前图形中。

图1-5-11　"选择参照文件"对话框　　　　图1-5-12　"附着外部参照"对话框

"附着外部参照"对话框中各主要选项内容如下：

- 浏览，单击会打开"选择参照文件"对话框，可对参照文件进行选择。
- 参照类型，可在"附着型"和"覆盖型"中进行选择，两者的区别在于当在外部参照图形中还插入了其他外部参照进行嵌套时，"附着型"可以与嵌套的外部参照进行链接，而"覆盖型"则不会。
- 比例，用于指定插入外部参照的比例因子。
- 插入点，指定外部参照的插入点。
- 路径类型，可在"完整路径""相对路径"和"无路径"之间进行选择。

1.5.2.3　外部参照的编辑

用户可以对插入到文件中的外部参照文件进行更改、刷新、卸载、重载、绑定等操作，通过单击"插入"菜单栏下的"外部参照"，可以打开"外部参照"选项板，在其中可以对外部参照文件进行多项选项操作。

1.5.3　模型空间与布局空间

在 AutoCAD 2023 中，模型空间和布局空间是两种不同的屏幕工作空间，在输出打印之前，需要在布局空间中对所需打印的范围进行合理的排版和布置。用户通常在模型空间中完成大部分的图纸绘制工作，然后在布局空间中进行图纸的排布和打印。

1.5.3.1　模型空间与布局空间的概念

模型空间用于建立物体模型，简单讲就是用户绘制图形时使用的空间，AutoCAD 2023 中新建文件默认情况下即是在模型空间中。

布局空间也叫图纸空间，用户可以在使用时将其理解成一个虚拟的图纸，在这张虚拟的图纸上，可以通过视口将模型空间中绘制的图形按照不同的比例进行排布并打印。用户可以单击软件界面下方的"模型"或"布局"标签来切换工作空间，如图1-5-13所示。

图1-5-13　模型空间与布局空间

1.5.3.2　模型空间绘图原则

熟练使用布局空间，可以让用户更方便准确地将模型空间中绘制的图形，按照所需比例准确地进行打印，这就需要在模型空间绘制图纸时遵循几个以下原则：

· 在模型空间中使用1∶1的比例方式进行绘图，这样不仅在图纸绘制和修改时规范，在布局空间排图时更加灵活方便。

· 明确在模型空间绘图时使用的单位，通常在园林景观图纸绘制时使用的单位为毫米（mm）。

· 对所绘图纸进行合理的分层，完善的图层设置可以在绘图修改时更加方便快捷，在布局空间打印时也会让线型的区分更加清晰明了。

· 文字和标注样式的正确设置，在进行图纸的文字和尺寸标注之前，先要明确将来的打印出图比例，因为不同的打印比例所使用的文字和标注样式及大小是不同的，因此需要正确设置，以保证在不同的图纸大小和比例下，打印的文字和尺寸样式保持一致。

· 标准图框的使用，通常在布局空间进行图纸排布时，要使用标准图框以便于打印出图的规范性，例如常见的A0、A1、A2、A3等，这些图框在很多设计单位有固定的模板，也可以自己进行绘制。

1.5.3.3　图纸空间的使用方法

当图纸按照标准规范在模型空间中绘制完成后，单击软件界面下方的"布局"标签切换到布局工作空间，插入或绘制所需的标准图框，使用MV（MVIEW）命令创建视口，并进行正确的比例设置，完成后即可输出打印。

示例1-5-2 在布局空间对"树池"平面及剖面图进行图纸排布

① 在模型空间按照1∶1的比例，完成"树池"平面图和剖面图的绘制，并分别按照1∶30和1∶20进行文字和尺寸标注的相关设置，并完成标注，如图1-5-14所示。

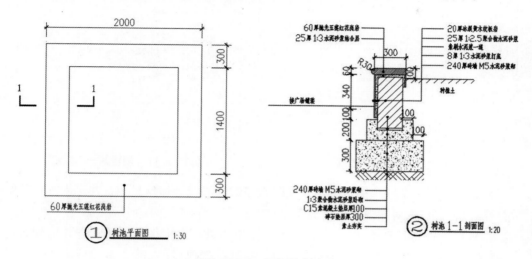

图1-5-14 图纸绘制完成

② 单击软件界面下方的"布局1"标签切换到布局工作空间，系统会以默认方式进行图纸布局，如图1-5-15所示。

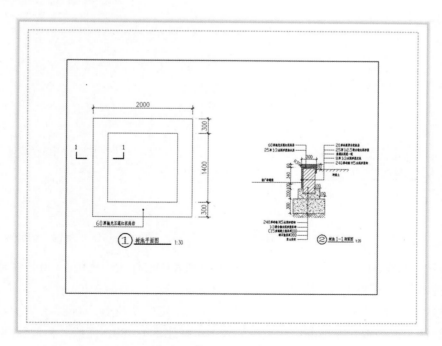

图1-5-15 默认布局空间

③ 将默认布局视口选定并删除，重新插入A4标准图框，或自己按照1：1比例绘制A4标准大小的矩形，即297mm×210mm，如图1-5-16所示。

④ 输入快捷键MV后按空格键，执行"创建视口"命令，在绘制的A4图框内指定视口的两个角点，完成第一个视口的创建，如图1-5-17所示。

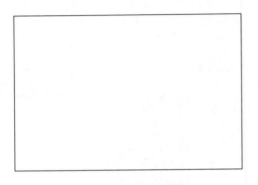

图1-5-16 绘制完成A4图框　　　　　　图1-5-17 创建第一个视口

⑤ 在创建的第一个视口内部双击，此时视口的轮廓线会加粗显示，并进入视口编辑状态，用户可以在视口内对图形进行缩放和平移等操作，如图1-5-18所示。

⑥ 在视口外任意位置双击，或输入PS后按空格键，退出视口编辑状态并回到布局空间，此时单击选定视口，按下【Ctrl+1】打开"特性"选项板，如图1-5-19所示。

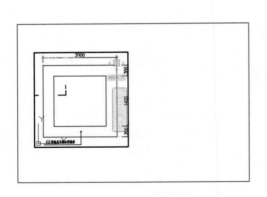

图1-5-18 进入视口编辑状态　　　　　　图1-5-19 "特性"选项板

⑦ 在选项板中的"其他">"标准比例"下拉列表中选择所需比例1：30，完成"树池"平面图的视口创建，如图1-5-20所示。

⑧ 再次输入MV后按空格键，使用相同的方式指定两个角点，创建第二个视口，选定并打开"特性"选项板，在标准比例下拉列表中选择比例1：20，完成"树池"剖面图的视口创建，如图1-5-21所示。

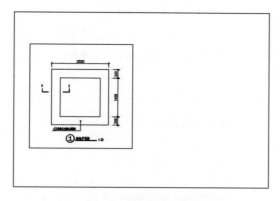

图1-5-20　完成平面图视口创建

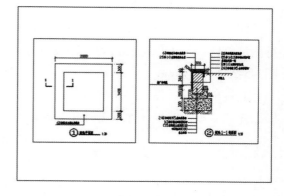

图1-5-21　完成剖面图视口创建

⑨　此时，两个视口均已创建完成，一个视口为"树池"平面图，比例为1：30，另一个视口为"树池"剖面图，比例为1：20。如果在打印时不需要显示视口边界，可选定视口，将其所在图层改为Defpoints层，打印时便不会显示。

1.5.4　打印选项设置

在AutoCAD 2023中完成图纸绘制后，需要将其进行输出打印以便于调阅查看，或将其虚拟打印以便于在其他软件中进行后续编辑，用户可以通过单击"文件"菜单栏下的"打印"命令，或输入快捷键【Ctrl+P】调出打印对话窗口来进行打印设置，如图1-5-22所示。

图1-5-22　"打印"对话框

"打印"对话框中各主要选项内容如下：

1.5.4.1　页面设置

在页面设置栏中，用户可以在"名称"下拉列表中选择页面名称，也可以输入或添加页面，而上一次打印的设置情况也会被自动保存，并被标记为"上一次打印"。

1.5.4.2 打印机/绘图仪

用户在此可进行打印设备的选择，在"名称"下拉列表中，可以选择实体打印设备进行图纸打印，也可以选择虚拟打印设备进行PDF、JPEG、PNG等图像文件的虚拟打印，如图1-5-23所示。

通过单击"文件"菜单栏下的"绘图仪管理器"，会打开绘图仪管理窗口，用户可在其中选择"添加绘图仪向导"进行相关设置，对所需绘图仪进行添加，如图1-5-24所示。

图1-5-23　内置打印设备列表　　　　　图1-5-24　添加绘图仪向导

1.5.4.3 图纸尺寸

在此可对打印图纸的大小尺寸进行设置，根据选择的打印机或绘图仪的不同，图纸尺寸列表中的默认标准图纸也会有所不同，例如在选择实体打印机后，图纸尺寸列表如图1-5-25所示，在其中，用户可以选择常见的标准尺寸进行打印，而在选择虚拟打印设备后，列表会显示为以像素为单位的图纸尺寸，用户可按需进行选择。

1.5.4.4 打印区域

用户在打印区域栏中，可以对需要打印的区域范围进行设置，可以从"打印范围"列表中在窗口、范围、图形界限和显示四个选项中进行选择，其中，窗口的方式较为常用。

图1-5-25　常见图纸标准尺寸

1.5.4.5 打印偏移

对打印区域的原点在X方向和Y方向的偏移进行设置，也可对选择的打印区域设置为居中打印。

1.5.4.6 打印比例

用户可在此设置图纸的打印比例，如果需要打印的图纸不需设置比例，可勾选"布满图纸"，让系统根据所需打印的范围和图纸尺寸自动确定比例，如需正式打印，则需在"比例"下拉列表中选择所需比例进行打印。

1.5.4.7 打印样式表

在打印样式表下拉列表中可以根据需要进行打印样式的选择，如图1-5-26所示，可用于指定不同行业或单位对于打印样式，如颜色、线宽等的要求。在列表中完成选择或新建所需样式后，可单击列表右侧的"编辑"按钮 ，打开"打印样式表编辑器"对话框，对打印样式进行更加详细的设置，如图1-5-27所示。

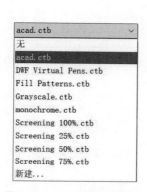

图1-5-26 打印样式列表

图1-5-27 "打印样式表编辑器"对话框

示例1-5-3 对所绘图纸进行高清位图图像的虚拟打印

① 完成图纸绘制，单击"文件"菜单栏下的"绘图仪管理器"，打开绘图仪管理窗口，双击"添加绘图仪向导"，打开"添加绘图仪"对话框，如图1-5-28所示。

② 单击"下一步"，在配置新绘图仪选项保持默认设置，即"我的电脑"，然后继续"下一步"选择绘图仪型号，在"生产商"列表中选择"光栅文件格式"，在"型号"列表中选择"MS-Windows BMP（非压缩DIB）"，如图1-5-29所示。

图1-5-28 "添加绘图仪"对话框

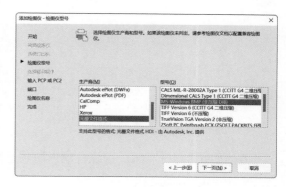

图1-5-29 选择绘图仪型号

③ 单击"下一步"，并在其他各选项设置中保持默认继续"下一步"直至设置完成。按下快捷键【Ctrl+P】调出打印对话窗口，在打印机/绘图仪"名称"列表中，选择之前新

添加的绘图仪"MS-Windows BMP（非压缩 DIB）"。然后单击"名称"列表右侧的"特性"按钮，打开"绘图仪配置编辑器"对话框，如图1-5-30所示，选中列表中的"自定义图纸尺寸"后，单击"添加"按钮，系统会打开"自定义图纸尺寸"对话框，如图1-5-31所示。

图1-5-30 "绘图仪配置编辑器"对话框   图1-5-31 "自定义图纸尺寸"对话框

④ 单击"下一步"创建新图纸，输入新图纸尺寸宽度5000，高度3000，如图1-5-32所示。

⑤ 单击"下一步"，保持默认并直至完成新图纸的创建。在"绘图仪配置编辑器"对话框中按下确定，完成绘图仪编辑。之后，在打印对话窗口中的"图纸尺寸"下拉列表中选择刚刚新建的图纸"用户1（5000×3000像素）"，然后，在"打印区域"的"打印范围"下拉列表中选择"窗口"，如图1-5-33所示。

图1-5-32 创建新图纸   图1-5-33 选择"窗口"

⑥ 选择"窗口"后，系统自动返回到绘图工作空间，此时在所需打印的范围内进行框选，如图1-5-34所示。

⑦ 框选后回到打印对话窗口，在"打印偏移"中勾选"居中打印"，在"打印比例"中勾选"布满图纸"，在"打印样式表"中选择"monochrome.ctb"，在"图形方向"中选择"横向"，设置完成后单击确定，然后选择保存路径，单击"保存"即可完成。

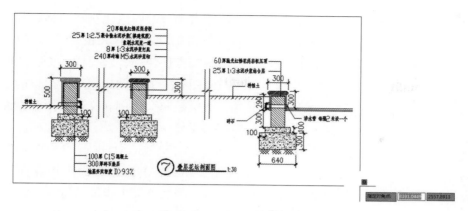

图1-5-34　框选打印范围

技巧提示:

○ 在AutoCAD 2023中进行图像虚拟打印时，有多种格式可以选择，一般默认的JPEG、PNG等格式在对图像清晰度要求不高时可以使用，但如果需要虚拟打印高清图像，建议使用BMP、TIFF等非压缩图像格式，并将图纸分辨率自定义到所需数值（一般在5000像素左右基本满足后续打印需要），也可虚拟打印为PDF、EPS等矢量图格式，在其它软件中进行后续操作处理。

○ 如果发现图纸中能够显示的内容在打印时却无法显示，可能存在多方面的原因，例如图形可能在Defpoints层，或图层被设置为不可打印，或文字缺少字体等，应该具体问题具体分析并解决。

○ 当在布局空间进行图纸打印时，可能会出现图形线型无法正确显示的问题，例如虚线显示为连续线，可以通过打开"线型管理器"，将"缩放时使用图纸空间单位"复选框撤选，或输入LTS按空格键，调整线型比例因子来解决。

1.6　国产CAD辅助设计软件介绍

由Autodesk公司开发的AutoCAD系列软件，毫无疑问是目前国际上使用最广、最为流行的辅助设计绘图软件，它有着良好的用户界面、完善的图形绘制和编辑功能、广泛的平台适用性，一直以来都是计算机辅助绘图领域的标杆。

国产CAD辅助设计软件，也逐渐从早期对AutoCAD的单纯模仿，到后来的逐渐创新，甚至在某些方面更加适合国内的设计行业标准和现状，也越来越多地被国内设计单位所采用，在园林景观设计行业中，较常使用的有：天正建筑、浩辰CAD和中望CAD等。

1.6.1　天正建筑

天正建筑是在AutoCAD的基础上进行二次开发而成，已经成为国内使用范围较广的辅

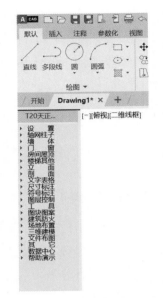

图1-6-1 天正建筑工具条

助设计软件，目前绝大部分的国内建筑及园林景观设计单位都在使用它进行计算机辅助制图。天正建筑相比AutoCAD，在实际使用过程中更加方便快捷，它提供了更智能的工具集合，特别是与建筑制图相关的，例如在墙体门窗的绘制、文字及尺寸的标注、图层控制及比例和文件布图等方面，都比AutoCAD更加便捷和规范。

由于天正建筑是基于AutoCAD进行的二次开发，因此它的运行必须依托于AutoCAD进行，而工作界面也只是在AutoCAD的界面基础上增加了天正建筑工具条，如图1-6-1所示。在实际使用时，首先要正常安装AutoCAD软件，然后再安装天正建筑软件，打开天正建筑时，系统会自动与安装的AutoCAD软件进行关联。

天正建筑依托于AutoCAD，在使用时绝大部分的绘图及编辑命令都是完全一致的，而对于天正建筑工具条中的各项内容，均可以通过单击条目的方式进行打开，并单击其中的各类工具来使用，方便快捷。同样，在天正建筑安装完成后，软件的"功能区面板"也会出现"天正建筑"的选项卡，用户也可以在其中选择所需命令进行操作，如图1-6-2所示。

图1-6-2 "天正建筑"功能区面板

下面对天正建筑选项中的几个常用工具简要介绍一下。

1.6.1.1 尺寸标注

除去部分与原版类似的标注功能外，天正建筑还提供多个新的标注类型。选择对应的标注类型可以有效提高绘图的规范性和效率。在园林景观制图中常用快速标注和逐点标注。

· 快速标注：快速标注命令可以通过快速识别图形轮廓线与节点，快速完成多个对象的一系列标注，包括尺寸、坐标、直径等。执行命令后根据命令行提示，框选要标注的目标图形，按回车键确认选择，然后在命令行指定标注类型，确认标注位置后，完成操作。

· 逐点标注：逐点标注可以沿同一方向选择一串点，在指定的位置进行尺寸标注。执行逐点标注命令后，首先选定第一个标点和第二个标点，在跳出尺寸线后，拖动尺寸线到指定位置，然后再依次选择标点，选择完成后按回车键完成指令。

1.6.1.2 符号标注

天正建筑提供了一套符合工程标准和制图规范的标注符号，采用这些符号可以便捷地完成图纸的规范标注。常用的符号标注有如下几种。

· 坐标标注：用于在总平面图上标注测量坐标或施工坐标，取值来源于世界坐标系WCS或者用户坐标系UCS。单击"坐标标注"命令后，在图纸中指定标注点和位置，完成操作。

· 标高标注：标高有相对标高和绝对标高的区别，用于表示图纸中某个点的相对高度或绝对高度。绝对标高的零点由国家或地区制定，相对标高的零点通常由设计单位自定。单击"标高标注"后，在跳出的选项中，选择合适的标高模式和符号，填写相应数值，如图 1-6-3 所示，完成后即可对图纸进行标高。

· 箭头引注：该命令用于绘制带有箭头的引出标注，引线可以多次转折，文字位置可位于线段也可位于线上。单击箭头引注命令后，在弹出的选项中进行相关参数设置，如图 1-6-4 所示。完成后，在图纸上指定标注的起点、转折点和终点，按回车键完成箭头引注。

图1-6-3 "标高标注"选项

图1-6-4 "箭头引注"选项

· 引出标注：引出标注用于对多个标注点的说明性文字标注。执行指令后，在弹出的选项卡中设置相关参数，如图 1-6-5 所示。完成后，在图纸中指定标注点和标注文字点，最后按回车键完成标注创建。

· 做法标注：用于在施工图上标注工程的施工做法。单击"做法标注"命令后，在弹出的对话框中输入标注文字后，在图纸上指定相关的位置，即可完成操作。

· 剖切符号：用于在图纸中标注符合国家标准规定的剖切符号。单击"剖切符号"命令后，在弹出的选项中选择需要的剖面剖切命令，进行相关参数的修改，如图 1-6-6 所示。完成后即可进行对应剖切命令的操作。

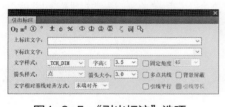

图1-6-5 "引出标注"选项

图1-6-6 "剖切符号"选项

· 索引符号：该命令可以为图形中有另外详图的某一部分标注索引符号，表明该部分的详图在哪张图上。

· 索引图名：用于在详图所在的图样上标注索引图号，方便查询。

· 图名标注：用于在绘制的图形下方标注该图的图名和比例。

1.6.1.3 图块图案

天正建筑的"图案图块"中自带了很多通用图块，在绘制景观或建筑图纸的时候可以选择使用标准尺寸的通用图块来提升绘图效率。

- 通用图库，天正提供的标准图库，可以管理和使用库中的图块。图库的左侧为图块目录，右侧为图块缩略图，如图1-6-7所示。单击鼠标右键选择插入图块或鼠标左键双击目标图块，会跳出"图块编辑"对话框，如图1-6-8所示。可通过该对话框调整插入图块的尺寸和比例等参数。

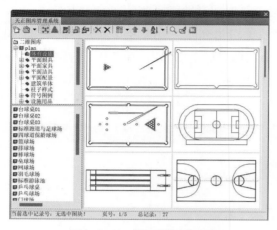

图1-6-7 "通用图库"面板

图1-6-8 "图块编辑"对话框

- 动态图库，天正提供的动态块图库，可以管理和使用库中的动态块。动态块的图形夹点相较于普通图块夹点更多，用户可以利用动态块的夹点对图形进行快速调整。单击动态块后，部分动态块左侧会出现▽图标，鼠标左键单击▽，可在跳出的选择栏对动态块的形态进行切换。
- 构件库，天正提供的构件库，可以管理和使用库中的三维构件。

1.6.1.4 文件布图

在天正建筑的文件布图中，提供了更加方便的图纸排布与管理功能，用户可以根据需求进行操作。常用的文件布图功能有：

- 插入图框：使用天正建筑进行图纸的绘制，用户可以直接在布局空间插入图框进行出图。确认出图比例和图纸布局后，单击"文件布图"下的"插入图框"命令，在弹出的对话框中进行图框尺寸、比例、标题栏的调整，如图1-6-9。完成后单击"插入"按钮，将图框放置在合适的位置，完成操作。

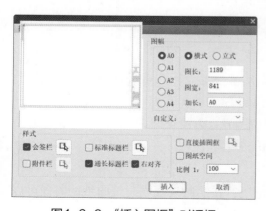

图1-6-9 "插入图框"对话框

- 定义视口：使用"文件布图"下的"定义视口"命令，框选图形范围并确认图纸比例后，将视口放置在目标位置。
- 改变比例：单击"改变比例"指令后，鼠标左键单击视口后输入比例，可以改变视口内图形的比例。"改变比例"命令可以在图纸绘制完成后快速地更改图形比例。
- 图形切割：单击"图形切割"指令后，在图形中框选要切割区域，可以将指定区域复制成为单独的图形，然后指定新图形的插入位置。插入后可以通过"改变比例"功能改变新图形比例。

1.6.2 浩辰CAD

浩辰 CAD 是深度兼容 AutoCAD 文件格式、功能、界面的国产 CAD 软件，经过十几年的研发和创新，逐渐成长为国内普及率较高的优秀国产 CAD 辅助设计软件。它的主要特点和优势在于：

· 拥有独立的自主知识产权，不用依托于 AutoCAD，无版权后顾之忧。
· 界面、操作习惯、主要工具和命令的使用方式均与 AutoCAD 完全相同，操作简便，易于上手，无需二次学习。
· 与 AutoCAD 平台数据双向兼容，支持 DWG / DXF 各版本数据格式。
· 电脑版、手机移动版、网页版形成跨平台移动互联网解决方案，便于图纸沟通。

基于浩辰 CAD 平台的浩辰 CAD 建筑，更是为建筑及园林景观的专业图纸绘制提供了高效便捷的解决方案，与 AutoCAD 相比，浩辰 CAD 更加适合国内规范标准，在某些方面更符合国人的使用习惯。

浩辰 CAD 软件启动后将显示如图 1-6-10 所示的工作界面。

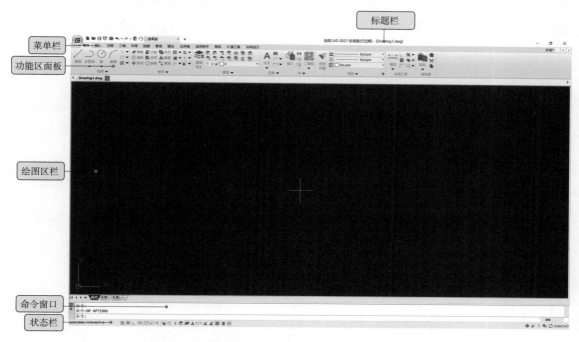

图1-6-10　浩辰CAD工作界面

1.6.3 中望CAD及其他

中望 CAD 是国产 CAD 辅助设计软件，为企业提供了优秀的 CAD 整体解决方案，近些年的版本更新也越来越多地体现了自身的创新能力，同样的独立知识产权，与 AutoCAD 完全相同的操作方式，与主流CAD格式的完全兼容，高效稳定的多平台应用，使其成为国内为数不多的优秀CAD设计软件。

在国产CAD辅助设计软件中，最具代表性的就是浩辰CAD和中望CAD，除此之外，还有其他一些相对小众的国产CAD软件也各具特点，例如超陵天河的PCCAD、数码大方的CAXACAD等，用户可根据需要进行选择。

1.7 AutoCAD园林景观应用案例

在园林景观设计中，AutoCAD无论在方案设计阶段还是施工图设计阶段，均有较高的使用频率。方案阶段的平面图、立面图或剖面图在完成AutoCAD绘制后，需要导出至其他软件进行后续图纸的制作；在施工图设计阶段，AutoCAD更是全程参与，完成各类总图及详图的绘制及编制。

本案例将详细介绍一处特色跌水景墙的绘制方法和技巧，包括平面图和立面图，如图1-7-1所示（大图详见本书附图1）。通过本案例，用户可以对AutoCAD 2023中的各项主要工具和命令更加熟悉，并掌握常见的图纸绘制步骤。为提高图纸绘制的高效性和规范性，案例使用了T20天正建筑V3.0结合AutoCAD 2023完成，用户在练习过程中可根据需要自行安装天正建筑软件。

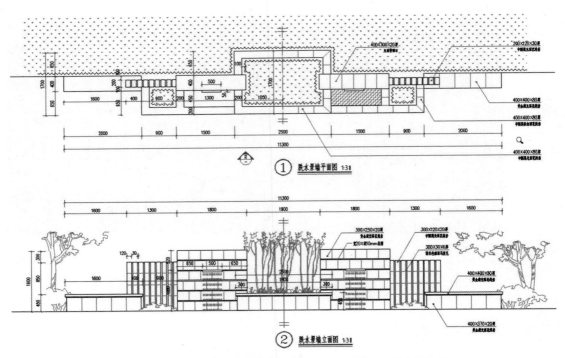

图1-7-1 案例——跌水景墙完成效果（大图详见本书末附图1）

1.7.1 绘图前的各项设置

为提高图纸绘制的准确性和高效性，在使用 AutoCAD 开始绘图前，需要对软件的相关选项进行设置，主要包括图层、线型、文字和标注样式等。

1.7.1.1 天正建筑安装

在绘图开始前，为保证图纸的高效、规范和精确，并方便文字和标注样式的统一，推荐安装 T20 天正建筑 v3.0，与 AutoCAD 2023 搭配使用。

1.7.1.2 图层设置

启动天正建筑软件，输入快捷键【Ctrl+N】进行图纸新建，然后输入快捷键 PU 后按空格，对 CAD 文件进行清理命令操作，通过此命令可以清理删除天正建筑系统自带的大量默认图层。

单击"图层"面板中的"图层特性"，打开"图层特性管理器"面板，新建图层，并设置图层参数，如图 1-7-2 所示。

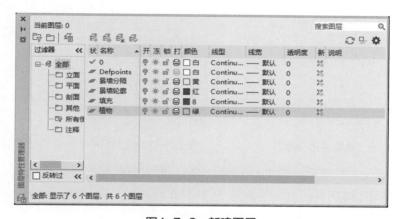

图1-7-2　新建图层

1.7.1.3 比例设置

根据图纸所需打印的比例进行设置，单击 AutoCAD 软件界面下方的"比例"按钮，在其中切换到所需比例，即 1∶30，如图 1-7-3 所示。

1.7.1.4 文字和标注设置

由于天正建筑系统本身的优势，对文字和标注的设置保持默认，在切换当前比例时，文字和标注样式会自动更新对应。

图1-7-3　切换比例为1:30

1.7.2 绘制跌水景墙平面图

① 在天正建筑功能区面板中，选择"符号标注">"画对称轴"，完成如图 1-7-4 所示对称轴。

② 切换至图层"景墙轮廓"，输入 PL 按空格键，以对称轴上任意位置为起点绘制多段线，长度分别为 1250、1700、1250，然后将其向内侧执行"偏移"，距离为 200，如图 1-7-5 所示。

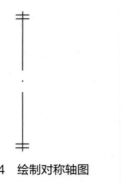
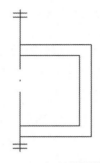

图1-7-4　绘制对称轴图　　　　　　图1-7-5　完成多段线并偏移

③ 输入REC后按空格键，绘制1800×400的矩形，并移动至图中所示的位置，然后输入TR后按空格，并对图形的重叠部分进行修剪，如图1-7-6所示。

④ 继续绘制120×200的矩形，并放置到如图1-7-7所示的位置（具体放置的位置可参照本书末附图1中的尺寸标注）。

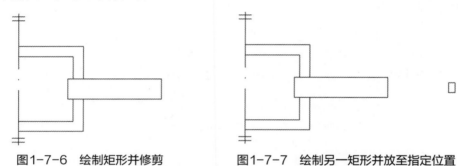

图1-7-6　绘制矩形并修剪　　　　　图1-7-7　绘制另一矩形并放至指定位置

⑤ 选中之前绘制的矩形，输入CO后按空格，指定矩形端点为基点后输入A执行阵列，然后输入阵列的项目数9，完成矩形间距为30的阵列复制，将复制出的矩形外边框向内侧偏移10，并进行修剪操作，最终完成如图1-7-8所示效果。

⑥ 绘制1800×400的矩形，并移动到如图所示位置，对重叠部分进行修剪，并绘制右侧延长直线，如图1-7-9所示。

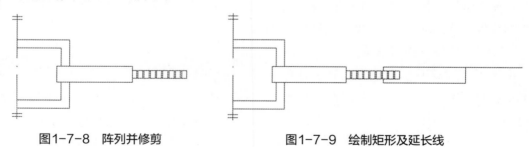

图1-7-8　阵列并修剪　　　　　　图1-7-9　绘制矩形及延长线

⑦ 使用多段线按尺寸绘制景墙下方的水池、花坛平面图及跌水景墙出水口，并进行偏移和修剪，如图1-7-10所示。

⑧ 切换至图层"植物"，绘制花坛及周边绿化轮廓线，并选中，在"特性"面板中将其线型加载并确定为ZIGZAG，如图1-7-11所示（如果出现所选线型显示比例过大或过小，可输入LTS调整线型比例因子，在本案例中数值为200）。

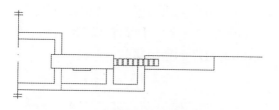

图1-7-10　多段线绘制水池花坛平面

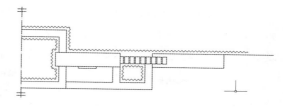

图1-7-11　完成植物轮廓绘制并指定线型

⑨ 将之前绘制的全部内容选定，并输入MI后空格，指定对称轴上的两点作为镜像线，进行镜像复制，完成如图1-7-12所示效果。

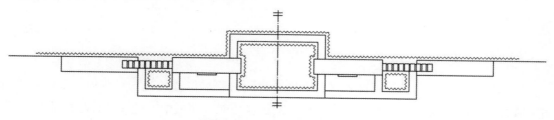

图1-7-12　完成镜像后效果

⑩ 切换至图层"景墙分隔"，绘制对称轴右侧花坛和景墙部分的材料分隔线，具体尺寸可参照本书末附图1中的材料规格，如图1-7-13所示。

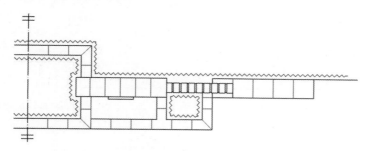

图1-7-13　绘制景墙分隔线

⑪ 在天正建筑功能区面板中，选择"尺寸标注">"逐点标注" 逐点标注，依次对图中的主要尺寸进行标注，效果如图1-7-14所示（此时尺寸标注的大小等样式会自动与之前所设定的当前比例相对应，无需再手动指定，同时，天正建筑会自动建立名称为"PUB_DIM"的新图层）。

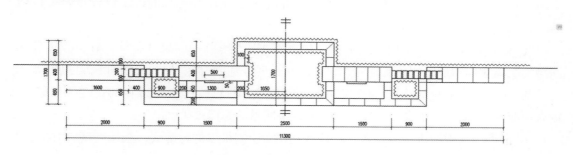

图1-7-14　完成尺寸标注

⑫ 在天正建筑功能区面板中，选择"符号标注">"引出标注"┏╤，在图中位置指定并输入材料的尺寸规格等信息，如图1-7-15所示（引出标注的文字大小等样式同样会与之前设定的当前比例相对应，同时自动建立名称为"DIM_LEAD"的新图层）。

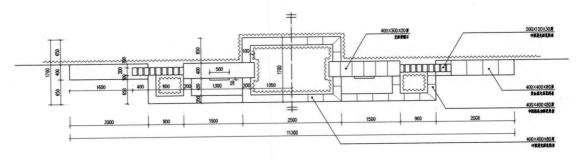

图1-7-15　完成引出标注

⑬ 切换至图层"填充"，输入H后空格，对图中所示位置的花坛、草地、水体等进行图案填充，并调整到合适的比例。然后在天正建筑功能区面板中，选择"符号标注">"内视符号"◇和"符号标注">"图名标注"T╦╦，来增加图纸的相关辅助信息，最终完成跌水景墙平面图，效果如图1-7-16所示。

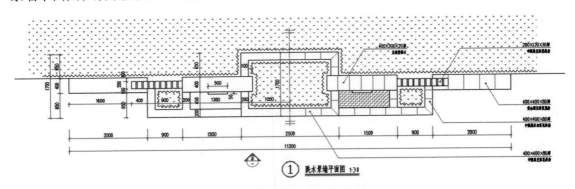

图1-7-16　跌水景墙平面图完成效果

1.7.3　绘制跌水景墙立面图

① 将平面图中的对称轴向下进行垂直复制，同时绘制地平线，并在前面绘制的跌水景墙平面图基础上，向下绘制辅助引线，确定景墙、花坛等轮廓的边线位置，如图1-7-17所示。

② 输入L后空格，使用直线命令，根据本书末附图1中的尺寸标注，在"景墙轮廓"图层绘制离对称轴最近的花坛外轮廓，高度和长度分别为450、1250，如图1-7-18所示。

③ 对花坛的上轮廓线进行60和20的下方偏移，右轮廓线进行20和20的左侧偏移，并输入快捷键TR执行修剪命令，完成如图1-7-19所示的修剪效果。

④ 根据辅助引线确定的位置，使用快捷键L绘制景墙的轮廓线，景墙高度为1600，长度为1800，如图1-7-20所示。

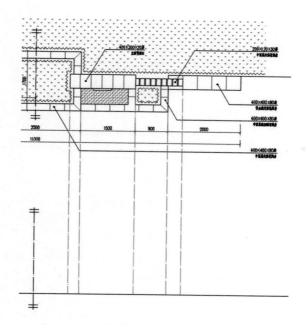

图1-7-17　绘制辅助引线

图1-7-18　绘制花坛外轮廓

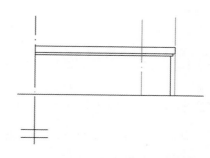

图1-7-19　完成花坛细节

⑤ 对景墙的上轮廓线进行250的下方偏移，再对偏移后的直线进行20的下方偏移，将偏移后的两条直线选定，输入CO后按空格，指定基点后进行项目数为5，间距为270的阵列复制，如图1-7-21所示。

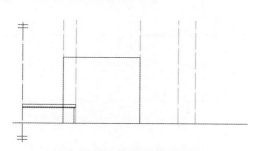

图1-7-20　绘制景墙外轮廓

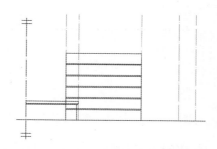

图1-7-21　复制完成景墙分隔线

⑥ 将景墙左右轮廓线分别向内偏移10，完善景墙细节，然后参照本书附图1尺寸位置绘制景墙出水口，并对线条交叉的部分进行修剪，完成效果如图1-7-22所示。

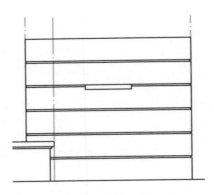

图1-7-22　完善景墙细节

⑦ 根据辅助引线的位置绘制另外一个景墙的局部，如图1-7-23所示。

⑧ 将绘制的局部向左侧进行阵列复制，列数为9，列间距为150，然后将上方轮廓线向下偏移20，完善细节，将交叉的线条进行修剪，完成如图1-7-24所示效果。

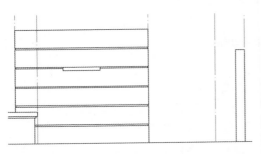

图1-7-23　绘制另外一个景墙局部

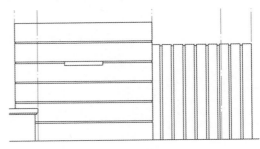

图1-7-24　完善细节

⑨ 将步骤3中完成的花坛进行镜像，并移动至右侧花坛的辅助引线位置，并完成交叉部分的修剪，如图1-7-25所示。

⑩ 将花坛长度调整为2000，并将左侧花坛边缘的细节镜像，完成如图1-7-26所示效果。

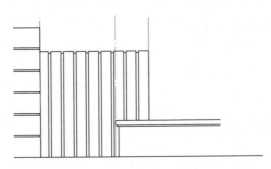

图1-7-25　完成一侧花坛镜像

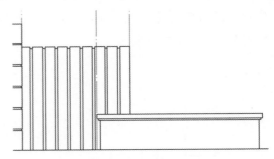

图1-7-26　花坛完成效果

⑪ 在图层"景墙分隔"，绘制已完成部分的花坛和景墙的材料分隔线，具体尺寸可参照本书末附图1中的材料规格，如图1-7-27所示。

⑫ 分别在相关图层，完成跌水景墙出水口水体的填充和添加部分灌木植物素材，并完成交叉部分的修剪，此时，可将辅助引线删除，如图1-7-28所示。

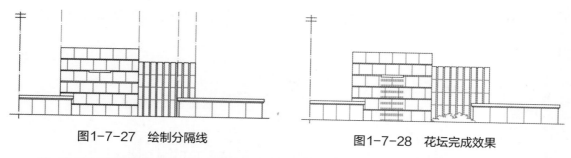

图1-7-27　绘制分隔线　　　　　　　　图1-7-28　花坛完成效果

⑬ 选定之前绘制的所有内容，沿对称轴执行镜像命令，完成如图1-7-29所示效果。

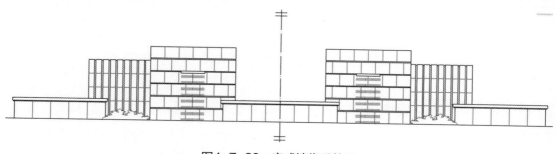

图1-7-29　完成镜像后效果

⑭ 在天正建筑功能区面板中，选择"尺寸标注" > "逐点标注" 逐点标注，对图中的主要尺寸进行标注，效果如图1-7-30所示。

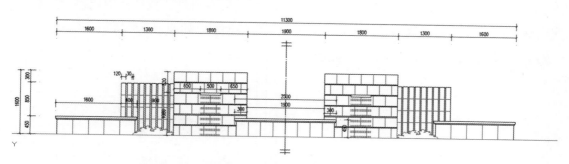

图1-7-30　完成尺寸标注

⑮ 在天正建筑功能区面板中，选择"符号标注" > "引出标注"，在图中位置指定并输入材料的尺寸规格等信息，如图1-7-31所示。

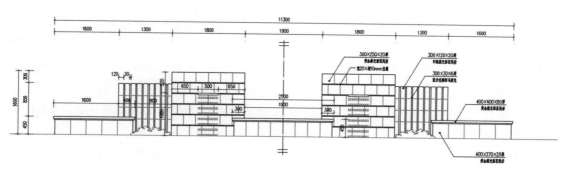

图1-7-31　完成引出标注

⑯ 对完成的图纸添加植物素材，完善立面效果，并增加图名比例等辅助信息，完成跌水景墙立面图效果，如图1-7-32所示。

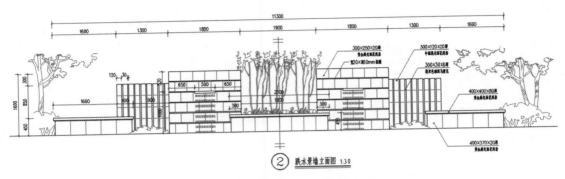

图1-7-32 跌水景墙立面图完成效果

1.7.4 布局空间设置与打印

① 在模型空间按照1:1比例，绘制完成跌水景墙平面图和立面图。单击"布局1"标签进入布局空间，在界面窗口左侧的天正建筑工具条中，选择"文件布图">"插入图框"，打开"插入图框"对话框，选择图幅A2，并对其他相关选项进行设置，如图1-7-33所示，之后单击"插入"，完成在布局空间A2图纸图框的插入。

② 切换至"Defpoints"图层，输入快捷键MV后按空格键，执行"创建视口"命令，在绘制的A2图框内指定视口的两个角点，完成视口的创建，如图1-7-34所示。

图1-7-33 "插入图框"对话框

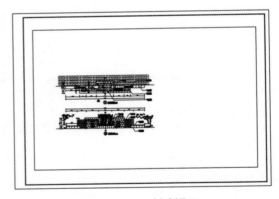

图1-7-34 创建视口

③ 选定视口，按下【Ctrl+1】打开"特性"选项板，在"其他">"标准比例"下拉列表中选择所需比例1:30，然后在视口内部双击进入，将所需打印图形移动至居中显示，如图1-7-35所示。

④ 按下【Ctrl+P】打开"打印"对话框，在打印机/绘图仪中的名称栏选择"DWG To PDF.pc3"，在图纸尺寸栏选择"ISO A2（594.00×420.00毫米）"，在打印范围栏选择"窗口"，然后回到图纸中，框选A2图框，再将"居中打印"和"布满图纸"复选框选中，设置如图1-7-36所示。

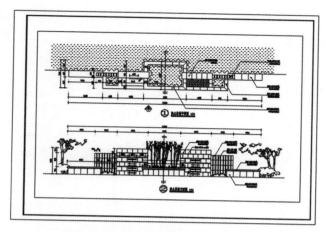

图1-7-35 移动图形并完成视口操作

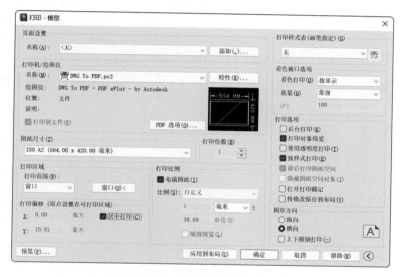

图1-7-36 设置"打印"对话框

⑤ 在"打印"对话框中的"打印样式表"下拉列表中，选择单色模式"monochrome.ctb"，并单击列表右侧的"编辑"按钮 ，打开"打印样式表编辑器"对话框，选择"打印样式"表中的颜色1红色，在右侧"特性"中，将线宽指定为0.2mm（指定"景墙轮廓"图层的打印特性），如图1-7-37所示。

⑥ 依次指定"打印样式"表中的颜色2黄色，设置线宽为0.1mm，淡显为60（指定"景墙分隔"图层的打印特性）；颜色3绿色，设置线宽为0.1mm（指定"植物"图层的打印特性）；颜色8灰色，设置线宽为0.05mm，淡显设为50（指定"填充"图层的打印特性），完成设置后单击"保存并关闭"。

图1-7-37 指定打印样式

⑦ 回到"打印"对话框，单击"预览"，查看打印效果，如图1-7-38所示。

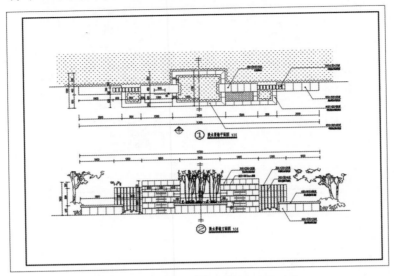

图1-7-38 对打印效果进行"预览"

⑧ 预览无误后，回到"打印"对话框，单击"确定"，选择保存PDF文件的路径，并完成打印。

第2章
Photoshop 核心命令使用要点

概述：本章主要讲述 Photoshop 的基础工具使用方法和操作技巧，重点讲解在园林景观设计中使用频率较高的一些核心命令的操作方式，对于其它不常用的辅助命令，例如切片工具、3D 相关工具等，本书不再讲述。在 Photoshop 制作园林景观专业图纸过程中，需要考虑后期可能面临的大量修改工作，因此在学习和操作过程中要合理运用图层进行分类，尽量使用蒙版和调整图层的方式保证素材的完整，并熟用快捷键组合，提高绘图效率。本书讲解使用的版本为 Photoshop 2023，读者可根据自身情况选择版本进行安装，不同版本软件对学习操作不会产生太大影响。

2.1　Photoshop基础知识

Photoshop 2023 的相关背景知识、工作界面介绍、文件的基本操作、视图操作、辅助工具的使用等，这些都是在绘图前需要熟悉和掌握的知识，这些将会为以后的命令学习和实际绘图制作提供很大的帮助。

2.1.1　Photoshop 2023相关背景知识

2.1.1.1　位图与矢量图

位图和矢量图都是计算机显示图像图形的方式，两者各有各的特点。

（1）位图

位图也叫栅格图像或点阵图像，是由一个个方块的像素点组成，这些像素点有自己特定的位置和颜色值，通过排列组合来构成图像。在对位图图像进行放大显示后，能够看到像素点，像素点越多，图像越清晰，而构成图像的文件就越大。我们日常在电脑上处理的图片、拍摄的照片或是使用Photoshop编辑的图像，绝大部分属于此类。

（2）矢量图

矢量图是根据几何特性和数学公式表达的方式来记录图形，只能由特定的矢量图软件生成，例如AutoCAD、Illustrator、CorelDRAW等，它的特点是不受分辨率的影响，即使放大后图像也不会失真，同时占用空间较小，但图像的细节和逼真度较差。

2.1.1.2　像素与分辨率

像素和分辨率是两个密不可分的概念，它们的组合方式决定了图像所包含的信息数量。

（1）像素

像素是构成位图图像的最小也是最基本的单位，每一个像素都是一个小方块，它们有自己独立的位置，且只能显示一种颜色，通过排列来进行图像的显示。如图2-1-1为正常显示的图像，图2-1-2为局部放大后看到的像素。

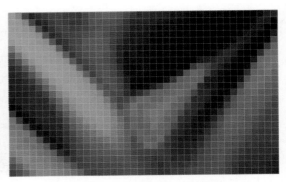

图2-1-1　正常显示的图像　　　　　　　图2-1-2　局部放大后的像素

（2）分辨率

分辨率是指单位长度内包含像素点的数量，常用单位为"像素／英寸"，即每英寸包含多少个像素点，包含的像素越多，表示图像的分辨率越高，显示越清晰，文件信息量越大。分辨率有很多种，包括图像分辨率、屏幕分辨率、扫描分辨率等。

2.1.1.3　颜色模式

颜色模式，决定了一幅电子图像以什么样的色彩模型方式在计算机中显示或打印输出，在Photoshop 2023中涉及的颜色模式包括位图模式、灰度模式、双色调模式、索引颜色模式、RGB颜色模式、CMYK颜色模式、LAB颜色模式和多通道模式。其中，常用到的有RGB模式、CMYK模式和LAB模式。

（1）RGB颜色模式

RGB模式，是通过R（红色）、G（绿色）、B（蓝色）三种原色光混合的模式来显示图像颜色，RGB三种原色光各有256种亮度值，通过不同数值间的组合来进行图像颜色的显示，共计可显示1670万种颜色（256×256×256）。RGB模式是在使用Photoshop进行图像处理时的首选颜色模式，也是在Photoshop中新建文件的默认模式，在此模式下可使用Photoshop的全部工具和命令。

（2）CMYK颜色模式

CMYK模式是一种基于打印油墨的四色印刷模式，通过C（青色）、M（品红）、Y（黄色）、K（黑色）四种油墨的百分比值来确定输出印刷的颜色，通常使用时可在RGB模式下对图像进行编辑，然后转换为CMYK模式再进行输出打印。

（3）LAB模式

LAB模式是Photoshop进行不同颜色模式之间转换时使用的中间模式，在LAB模式中，

L代表亮度分量，A代表由绿色到红色的光谱变化，B代表由蓝色到黄色的光谱变化。

2.1.1.4　图像格式

根据存储内容和存储方式的不同，图像可以分为很多种格式，每种格式都有对应的格式扩展名，Photoshop可以处理大多数的常见图像格式文件，主要有：

（1）PSD格式

PSD格式是Photoshop软件的专用格式，用户在Photoshop中进行的图层、蒙版等的修改编辑信息，都会在PSD格式中得到保留，虽然由于保存的图像信息较多导致文件数据较大，但在实际图像编辑过程中，仍推荐保存为此格式作为源文件备份，以便于后续修改。

（2）JPEG格式

JPEG格式是最为常见的图像格式之一，是一种经过有损压缩后的图像格式，它通过损失小部分的图像信息来换取更大的文件压缩比例，我们日常使用的数码相片、素材图片绝大多数属于此类，实用性强。

（3）TIFF格式

TIFF格式可用于应用程序之间和计算机之间进行文件交换，是一种无损压缩的文件格式，支持多种通道，常用于绘画、图像排版、印刷等。

（4）BMP格式

BMP格式是Windows的标准图像文件格式，它采用一种成熟的无损压缩方式，在不损失任何图像信息的情况下来节省磁盘空间，这种文件格式可以呈现细腻逼真的图像细节，但相对来说这种文件仍然要占据较大的空间。

（5）GIF格式

GIF格式是一种可在多种平台多种软件中处理的、经过压缩的文件格式，它最多支持256种颜色，因此不适合用来存储真彩色文件，但其文件小、打开速度快，并且可形成简单的动画效果，因此在网络上的使用频率较高。

（6）PDF格式

PDF格式是一种灵活的跨平台文件格式，主要用于电子文档发行和数字化信息传播，这种格式的文件可将矢量图、位图、文字、链接、导航，甚至声音等多种信息封装在一个文件中，正越来越广泛地应用于信息、媒体、出版和阅读领域。

（7）PNG格式

PNG格式是一种无损压缩的位图图像格式，相比GIF格式，可使用更小的文件显示更多的图像细节，另外，它提供了更好的透明显示效果，是其他文件格式无法比拟的。

2.1.2　Photoshop 2023工作界面介绍

2.1.2.1　软件启动

在完成软件安装后，可通过双击桌面生成的Photoshop 2023程序快捷方式来启动软件，软件启动后，会显示如图2-1-3所示的工作界面。

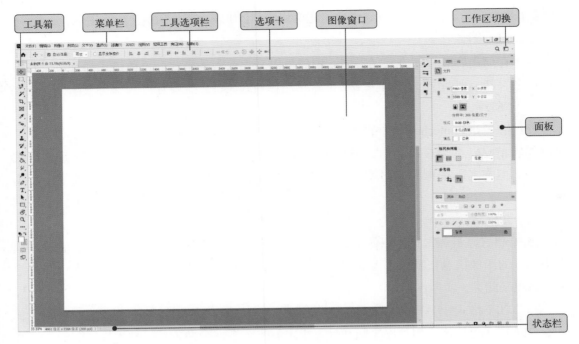

图2-1-3　Photoshop 2023工作界面

2.1.2.2　菜单栏和工具选项栏

菜单栏位于软件最上方，包含可以在Photoshop中执行的各种命令，共计包括文件、编辑、图像、图层等11个主菜单。菜单栏中的命令显示为黑色，表示目前可用；显示为灰色，表示当前条件下不可用。

工具选项栏位于菜单栏下方，它会随着所选工具的不同而发生变化，主要用于设置所选工具的各项参数。

2.1.2.3　工具箱

工具箱默认在软件界面左侧，包括选区选择工具、绘画修饰工具、文字矢量图工具、前景背景色工具等，鼠标在工具上方停留时，系统会提示该工具的名称和快捷键及快速使用方法，用户可以通过拖动的方式改变工具箱的位置，也可以通过单击工具箱上方的图标▶▶来控制工具箱的单排或双排显示方式，如果某个工具右下角带有小三角符号 ◢，说明该工具包含有隐藏工具，可右键单击该工具，即可显示。

2.1.2.4　图像窗口、选项卡和状态栏

图像窗口是显示和编辑图像的区域，用户在打开或新建图像文件时均会创建图像窗口，对于已经打开的多个图像，系统会以选项卡的形式显示，如图2-1-4所示，在任意选项卡上单击，即可切换到该选项卡对应的图像窗口，也可以拖动选项卡标题让该图像窗口浮动显示，

图2-1-4　选项卡显示

同时还可以使用快捷键【Ctrl+Tab】进行窗口间的快速切换。在窗口底部状态栏中会显示该图像文件的大小、尺寸和窗口缩放比例等信息。

2.1.2.5 面板

面板位于软件界面右侧，有颜色、图层、画笔、历史记录等共计20多个，用户可以通过"窗口"菜单来控制需要打开或者关闭的面板，默认情况下，面板是以选项卡的形式组合进行显示，用户可以单击切换，可以拖动改变其位置，也可以单击图标 ▶▶控制其折叠显示，甚至可以自己拖动不同的面板进行自由组合来满足不同的需要。

2.1.3 文件的基本操作

2.1.3.1 新建图像文件

启动 Photoshop 2023 后，用户可以通过单击菜单栏"文件">"新建"命令，或输入快捷键【Ctrl+N】进行新建，执行命令后，系统会打开"新建"对话框，如图 2-1-5 所示。对话框中左侧部分可以用于选择不同的模版创建文档，包括照片、打印、图稿和插图、Web、移动以及胶片和视频。对话框右侧部分选项包括：

· 预设详细信息下方，可输入新建文件的名称，并可单击其后的 📤 图标将其保存为预设。
· 宽度 / 高度，可输入新建文件的宽度和高度值，并在其后选择单位。
· 方向，用于指定文档的页面方向，横向或纵向。
· 分辨率，输入文件的分辨率用于指定图像的精细程度。
· 背景内容，指定文档的背景颜色。

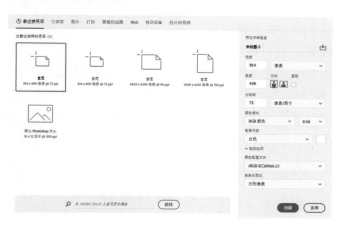

图2-1-5 "新建"对话框

2.1.3.2 打开图像文件

在 Photoshop 2023 中，执行打开文件的方式有很多种：
· 执行菜单栏"文件">"打开"命令进行打开。
· 输入快捷键【Ctrl+O】进行打开。

执行以上任意一种操作后，系统会出现"打开"对话框，如图 2-1-6 所示，选择要打开的图像后单击"打开"，或双击文件即可打开。需要同时对多个文件打开时，可按下Ctrl键并依次单击选择即可。

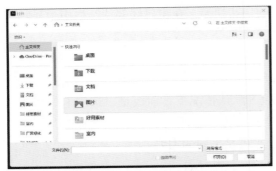
图2-1-6 "打开"对话框

2.1.3.3 保存图像文件

在对图像进行编辑完成后，用户可以通过单击菜单栏"文件">"存储"命令，或输入快捷键【Ctrl+S】进行保存文件，执行操作后，系统打开"存储为"对话框，在"文件名"文本框中输入要保存的文件名称，在"保持类型"下拉列表中选择要保存的文件类型（默认为Photoshop标准文件格式*.psd），最后单击保存。用户也可以将已经保存过的文件通过"存储为"的命令保存为其他名称或格式的文件。

> 技巧提示：
>
> ○ 在进行新建文件时，用户可以根据不同的使用需要来设置分辨率，一般网页或电脑浏览时可设为72ppi，而如果要满足印刷的需要则需设为300ppi。
>
> ○ 在使用Photoshop进行绘图时要养成经常按下【Ctrl+S】进行保存的习惯，以免由于断电或系统出错导致的文件进度丢失。

2.1.4 视图操作

在使用Photoshop进行图像编辑时，经常需要对图像窗口进行放大、缩小、平移等操作，用户可以通过以下命令来实现。

2.1.4.1 使用缩放工具对视图放大或缩小

当用户需要对图像视图进行放大或缩小时，可以单击界面左侧工具箱中的"缩放工具"图标 🔍，或直接按快捷键Z切换至缩放工具，此时工具选项栏会出现如图2-1-7所示选项。用户可以单击视图窗口进行图像放大显示，也可以在按下Alt键的同时单击视图进行图像缩小显示，还可以单击并按住图像拖动来进行连续缩放，如图2-1-8所示。

图2-1-7 缩放工具选项栏

图2-1-8 放大显示的图像和缩小显示的图像

工具选项栏主要内容包括：

· 放大 🔍 / 缩小 🔍，切换放大或缩小工具。

· 细微缩放，当勾选后，可在图像窗口按下鼠标左键向左或向右拖动，用平滑的方式放大或缩小视图。

· 100% / 适合屏幕 / 填充屏幕，可单击快速切换对应的缩放显示方式。

2.1.4.2　使用抓手工具对视图平移

当图像视图放大至局部而无法显示全部图像时，用户可以通过单击工具箱中的"抓手工具"图标 ✋，或直接按快捷键H切换至抓手工具，然后按下鼠标左键拖动视图，即可实现图像视图的平移操作。也可在任意工具命令下，左手按住空格键来临时切换至抓手工具，然后右手按下鼠标左键拖动视图，完成平移后松开空格键返回。

2.1.4.3　使用导航器面板查看图像

执行菜单栏"窗口">"导航器"命令，可打开"导航器"面板，在缩略窗口面板中，可实现对图像窗口的放大、缩小和平移。

2.1.4.4　使用旋转视图工具旋转画布

单击工具箱中抓手工具下的隐藏命令"旋转视图工具" 🔄，可对视图画布进行任意角度的旋转操作，并可在工具选项栏中指定旋转角度或复位等。

2.1.4.5　切换屏幕模式

用户可根据自己的作图习惯，对Photoshop默认的屏幕模式进行调整，通过工具箱中的"更改屏幕模式"图标 🔲，及其隐藏命令，或反复按下快捷键F，即可在标准屏幕模式、带有菜单栏的全屏模式和全屏模式间切换，如图2-1-9所示为全屏模式。也可以通过按下Tab键来隐藏或显示工具箱和面板等，如图2-1-10所示。

图2-1-9　全屏模式显示效果

图2-1-10　Tab键隐藏工具箱和面板

技巧提示：

○ 对图像视图的缩放操作除了使用缩放工具外，还可以通过快捷键【Ctrl++】或【Ctrl+−】快速对图像中心进行缩放，按下【Ctrl+0】会使图像缩放至充满画布窗口。

○ 在大部分工具下，按住空格键均可切换为抓手工具进行视图平移，松开空格键返回，这个技巧在实际图像处理过程中非常实用。对于局部放大的图像，可按住H键并单击拖动鼠标，通过出现的矩形框进行定位并放大所选区域，同样非常实用。

○在Photoshop中，建议更多地使用键盘快捷键的方式来绘图，这会大大提升图像编辑的效率，并提高精确度。

2.1.5　辅助工具的使用

　　在Photoshop 2023中，辅助工具用于帮助用户更好地完成定位、选择或编辑等操作，主要包括标尺、参考线、网格和对齐等。

2.1.5.1　标尺

　　标尺可以使用户在图像处理过程中，对图像中的点或要素的位置更加明确，通过单击菜单栏"视图">"标尺"命令，或快捷键【Ctrl+R】来执行，标尺会出现在图像窗口的顶部和左侧，如图2-1-11所示。标尺的原点位置（0，0）可以通过单击拖动左上角的标记来自行指定。

图2-1-11　顶部和左侧的标尺

2.1.5.2　参考线

　　在标尺处单击并拖动至图像窗口，可创建默认为蓝色的水平或垂直的参考线，用户可选择移动工具 ✛ 对其位置进行移动，如图2-1-12所示，将参考线拖回标尺即可将其删除，如果要删除所有参考线，可执行菜单栏"视图">"参考线">"清除参考线"命令。同样，通过菜单栏"视图"内的命令，也可以对参考线进行精确的新建操作和锁定参考线操作等。

2.1.5.3　网格

　　在Photoshop 2023中，用户可以通过菜单栏"视图">"显示">"网格"命令，来打开网格显示，如图2-1-13所示，网格常在图像的对称性编辑时使用。

图2-1-12　显示参考线

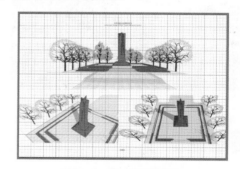

图2-1-13　显示网格

2.1.5.4　对齐

　　对齐功能有助于精确地放置图像、路径或选区，用户可以将菜单栏"视图">"对齐"进行勾选，即可启用命令。在"视图">"对齐到"菜单栏下，可选择对齐的项目，包括有参考线、网格、图层等。

2.2 选 区

在使用Photoshop进行图像编辑处理时，多数情况下要先确定图像的操作区域，也就是选区。Photoshop 2023提供了多种创建选区的工具和方式，也提供了大量对于选区的编辑和修改方法，这些命令各有特点，用户需要针对不同的对象类型和图像编辑情况，来选择合理、快捷的选区创建和编辑方式。

2.2.1 使用形状工具组创建选区

在Photoshop 2023中，形状选框工具是最基本的选区创建工具，用户可以通过创建基本的形状来确定选区，例如矩形、椭圆形、多边形等，该工具组位于软件界面左侧的工具箱中，如图2-2-1所示。

2.2.1.1 矩形选框工具

矩形选框工具用于创建矩形和正多边形选区，用户可以在工具箱中选择该工具 ，或按下快捷键M，此时可在图像中单击并拖动来框出矩形选区，如图2-2-2所示。在使用矩形选框工具时，按住Shift键进行框选，会创建正方形选区，按下Alt键进行框选，会以单击点为中心创建矩形选区，同时按下Shift键和Alt键进行框选，会以单击点为中心创建正方形选区。在选择矩形选框工具后，工具选项栏会出现如图2-2-3所示选项。

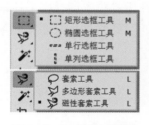

图2-2-1 选框工具组

图2-2-2 创建矩形选区

图2-2-3 矩形选框工具选项栏

矩形选框工具选项栏中，主要选项内容包括：

- ·"新选区"按钮 ■，在此方式下创建新选区后，之前的选区会被清除。
- ·"添加到选区"按钮 ■，在原有选区的基础上增加选区。
- ·"从选区减去"按钮 ■，在原有选区中减去新建的选区。
- ·"与选区交叉"按钮 ■，新建选区与原选区有重叠交叉时，只保留交叉部分的选区。
  （关于选区间的组合方式详见下文2.2.3）
- ·羽化，可在其后输入数值确定羽化范围（关于羽化详细内容见下文2.2.4）
- ·样式，可在其后下拉列表中选择，在"固定比例"选项中可输入矩形选框的宽高比例，在"固定大小"选项中，可精确控制所绘矩形选框的宽度和高度值。
- ·选择并遮住，可打开对话框，对选区进行平滑、羽化等处理，详见下文2.2.4。

2.2.1.2 椭圆选框工具

椭圆选框工具用于创建椭圆和正圆形选区，用户可以在工具箱中选择该工具 ○，并可创建如图2-2-4所示的椭圆选区。与矩形选框工具相同，按住Shift键进行框选，会创建正圆选区，按下Alt键进行框选，会以单击点为中心创建椭圆选区，同时按下Shift键和Alt键进行框选，会以单击点为中心创建正圆形选区。椭圆选框工具选项栏与矩形基本相同，用户可自行参考。

图2-2-4 创建椭圆形选区

2.2.1.3 单行/单列选框工具

单行选框工具 --- 和单列选框工具 ▯，用于创建1个像素宽度的单行或单列选区，在所需创建选区的位置单击即可，其工具选项栏用法与矩形选框工具一样，单行或单列选框工具常用于制作网格。

2.2.1.4 套索工具

使用套索工具可以手绘不规则的形状来创建选区，用户可以在工具箱中选择该工具 ○，或按下快捷键L，此时可在图像中按下鼠标并拖动来自由手绘选区，回到起点后，选区自动闭合，如图2-2-5所示。

2.2.1.5 多边形套索工具

多边形套索工具可创建边界为直线的多边形选区，用户可以在工具箱中选择该工具 ▽，然后在图像窗口点击确定选区起点，并依次点击确定其他转折点，回到起点后鼠标变为 ▽。显示，此时单击即可完成多边形选区的创建，如图2-2-6所示。

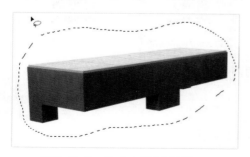

图2-2-5 套索工具创建选区

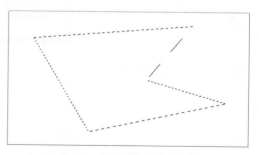

图2-2-6 多边形套索工具创建选区

在使用多边形套索工具时，使用以下方法可以提高该工具的使用效率：

· 使用过程中，按下Shift键可以按水平、垂直或45°的方向创建选区。

· 在绘制转折点时，直接双击鼠标可以在双击点和起点间形成闭合的选区。

· 在绘制过程中，如果需要全部取消，可按下Esc键，如果只是需要删除之前一个转折点，则可按下Delete键，多次按下可多次向前删除转折点。

示例2-2-1 使用"多边形套索工具"创建户外座椅选区

① 按下快捷键Z切换至缩放工具，单击图像窗口，将其放大至可以进行精确绘制选区的范围后，输入快捷键L（或【Shift+L】）切换至多边形套索工具，单击图像中任意一转折点来指定起点，并依次单击其他转折点，如图2-2-7所示。

② 在选择其他转折点的过程中，根据需要，可随时按住空格键切换到抓手工具，对图像窗口进行平移。当回到起点后，鼠标会变为♥。显示，此时进行单击，完成户外座椅初步选区的创建，如图2-2-8所示。

图2-2-7　确定起点并依次单击转折点

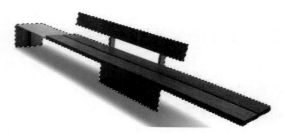

图2-2-8　完成初步选区创建

③ 在多边形套索工具下，按住Alt键切换至"从选区减去"选项命令，当鼠标变为♥_图标时，创建户外座椅中心空白区域的选区，如图2-2-9所示。

④ 完成后的户外座椅选区，如图2-2-10所示。

图2-2-9　将白色空白区域从选区中减去

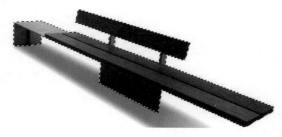

图2-2-10　选区创建完成效果

2.2.1.6　磁性套索工具

磁性套索工具可以智能地自动识别对象的边界，在边缘比较清晰或与背景对比非常明显的情况下，可以使用该工具。用户可以选择工具箱中的磁性套索工具 🖤，在需要创建选区的边缘单击，松开鼠标后沿边缘线移动光标，系统会自动运算并放置一定数量的锚点，如果锚点出现偏差，可按下Delete键向前依次删除，也可以单击鼠标指定所需锚点的位置，回到起点闭合后，完成选区的创建。

○ 输入快捷键M可快速切换至矩形选框工具,按下【Shift+M】则可在矩形和椭圆选框工具之间切换。同样,也可用【Shift+L】快速在套索、多边形套索和磁性套索工具之间切换。

○ 单纯的矩形、椭圆或套索工具,很难创建精确的选区,因此需要选区间进行加选、减选或交叉选择后才能实现。

○ 在所有形状选框工具之间,均可实现选区间的组合,默认情况下在创建选区时,按下Shift键可执行添加到选区,按下Alt键可执行从选区中减去,同时按下Shift键和Alt键可实现选区间的交叉选择。

○ 在创建选区过程中,为了保证选区的精确性,需要经常放大或缩小图像窗口来绘制选框,用户可根据自己的使用习惯,选择快捷键Z使用缩放工具或【Ctrl++】的方式对图像放大缩小,并结合空格键对图像快速平移,提高绘图效率。

2.2.2 根据颜色差异创建选区

除了使用矩形、椭圆、套索等形状选框工具外,Photoshop 2023还提供了根据颜色的差异进行智能化创建选区的工具,主要包括:对象选择工具、快速选择工具、魔棒工具和色彩范围。这些工具在对象图像与背景颜色差异明显的情况非常适用,用户可在图像处理过程中,根据面对的不同情况,合理地选择选区工具。

2.2.2.1 对象选择工具

使用对象选择工具可以简化在图像中创建特定选区的过程,例如人物、动物、天空、水体、建筑等。用户可以使用该工具的自动检测功能选择图像内的对象或区域,也可以在对象范围周边绘制矩形或套索,来创建更精准的选区。用户可以在工具箱中选择工具▣,或按下快捷键W来执行命令。在选择对象选择工具后,工具选项栏会出现如图2-2-11所示选项。

图2-2-11 对象选择工具选项栏

在对象选择工具选项栏中,主要选项内容包括:

·对象查找程序,当处于默认勾选状态时,可通过将鼠标在所需对象上悬停来自动进行选择。选择对象选择工具后,将鼠标移动至如图2-2-12所示天空位置稍作停留,当出现红色预览范围框后单击,即可完成自动选择。

·模式,包括矩形和套索,可以使用矩形或套索的方式创建范围选区,以指定对象选择的大致范围。

·对所有图层取样,可基于所有图层而不仅是当前图层来创建选区。

·选择主体,可自动选择图像中突出的主体并自动创建选区,如图2-2-13所示为自动创建好的建筑物主体选区。

图2-2-12 对象选择预览

图2-2-13 创建主体对象选区

2.2.2.2 快速选择工具

快速选择工具可以利用画笔的笔触来绘制选区，用户可以在工具箱中选择该工具 ![图标]，或按下快捷键【Shift+W】来切换，此时可在图像需要建立选区的位置单击并拖动开始绘制选区，如图2-2-14所示，随着鼠标的拖动绘制，选区会向外扩展并自动查找边缘完成选区。在图像的其他区域再次执行快速选择命令时，系统会自动默认为"添加到选区"选项模式，之前的选区仍然保留，如图2-2-15所示。如果出现选择的范围已经超出所需选区的情况，可以按住Alt键，执行"从选区减去"选项，并在多出的选区处绘制，可将其减去。在选择"快速选择工具"后，工具选项栏会出现如图2-2-16所示选项。

图2-2-14 拖动绘制选区

图2-2-15 选区绘制完成

快速选择工具选项栏中，主要选项内容包括：

· "新选区" ![图标]，"添加到选区" ![图标]，"从选区减去" ![图标]，其作用和使用方法与矩形等选框工具相同。

· 画笔选取器 ![图标]，用于调节画笔的大小、硬度和间距等。

· 增强边缘，勾选此项后，可减少选区边界的粗糙度。

![图2-2-16 快速选择工具选项栏的工具栏图示]

图2-2-16 快速选择工具选项栏

2.2.2.3 魔棒工具

魔棒工具用于选取颜色相同或相近的图像区域，并建立选区，用户可以在工具箱中选

择该工具 ，或按下快捷键【Shift+W】来切换，然后单击需要创建选区的区域即可，系统会根据点击区域的颜色信息和所设置的容差值，自动进行选区的创建。在选择魔棒工具后，工具选项栏会出现如图2-2-17所示选项。

图2-2-17　魔棒工具选项栏

在魔棒工具选项栏中，主要选项内容包括：

· "新选区" ，"添加到选区" ，"从选区减去" ，"与选区交叉" ，其作用和使用方法与矩形等选框工具相同。

· 容差，在输入框中输入数值来选取容差值。容差默认为32，用户可根据所选对象情况进行数值调整，数值越小，创建的选区与点击的取样点颜色越为相近，选区的范围越小；与此相反，容差数值越大，选择的颜色范围越广。如图2-2-18所示为容差32时创建的选区，如图2-2-19所示为容差80时创建的选区。

图2-2-18　容差32时创建的选区

图2-2-19　容差80时创建的选区

· 连续，勾选此项后，只选择与点击取样点连接在一起的区域，取消勾选后，会选择图像中所有与取样点相近的区域，包括没有连接在一起的。

· 对所有图层取样，未选中时只对当前图层取样，选中时对所有图层取样。

2.2.2.4　色彩范围

色彩范围命令可根据图像的颜色范围创建选区，它提供了比魔棒更多的控制选项，用户可以通过菜单栏"选择">"色彩范围"命令，打开"色彩范围"对话框，如图2-2-20所示。对话框中的主要控制选项包括：

（1）选择

用来选择选区创建的取样范围，默认为"取样颜色"，在此模式下，用户可以使用对

图2-2-20　"色彩范围"对话框

话框中的吸管工具 ✐，对文档中的图像或对话框中的预览图像进行单击取样，再根据容差确定选区的范围。除此之外，用户还可以在下拉菜单中选择红色、黄色、绿色等，来选择图像中特定的颜色。

（2）颜色容差

用来控制颜色的选择范围，容差值越大，选择的颜色范围越多，反之越少。用户可以通过滑动滑块或输入数值的方式来控制。

（3）选择范围 / 图像

在默认"选择范围"选项下，预览图会以黑、白、灰的方式呈现图像，白色代表选择区域，黑色代表未选区域，灰色代表羽化选择区域，图2-2-21和图2-2-22分别显示容差为30和180时的黑白灰预览图效果。当勾选"图像"选项后，预览图会显示为文档图像。

图2-2-21　容差30时创建的选区

图2-2-22　容差180时创建的选区

（4）选区预览

用于选择图像的预览显示效果，默认为无，用户可以在下拉菜单中选择灰度、黑色杂边、白色杂边和快速蒙版。

（5）存储 / 载入

使用此命令可对当前的色彩范围设置状态进行保存，需要时进行载入。

技巧提示：

○ 魔棒和色彩范围在园林景观绘图过程中都是常用工具，容差的设定和合理利用加选、减选和交叉选择的选区组合，都是用好这些工具的关键。

○ 魔棒和色彩范围都是基于颜色的差异来创建选区，色彩范围可以创建带有羽化的选区，魔棒则不能，用户可根据实际情况合理选择工具。

○ 在使用色彩范围命令时，如果图像中已经有选区存在，则色彩范围命令只对已有选区内的图像进行分析处理，用户可根据此特征进行选区的细化。

2.2.3 选区的基本操作

在使用不同的工具和命令完成选区创建后，可对选区执行相关的基本操作，包括选区的移动、全选与反选、取消选择与重新选择、选区的组合等。

2.2.3.1 选区的移动

当用户需要移动已经创建的选区时，可在选框、套索或魔棒等任意工具状态下，将鼠标放在选区内，此时光标会显示为 ▷□，单击并拖动即可移动选区的位置。如果需要细微的移动选区位置，可以按键盘上的方向键，上、下、左、右，来移动。

2.2.3.2 全选与反选

单击菜单栏"选择">"全部"，或按下快捷键【Ctrl+A】执行全部选择命令，可对文档内的全部图像进行选择。

在创建选区后，单击菜单栏"选择">"反向"，或按下快捷键【Shift+Ctrl+I】可执行反向选择命令，来选择图像中未被选中的部分。如果需要选择的对象背景比较简单统一，可先使用魔棒等工具创建背景选区，然后反选。

2.2.3.3 取消选择与重新选择

单击菜单栏"选择">"取消选择"，或按下快捷键【Ctrl+D】可执行取消选择命令，可取消图像中已经建立的选区。如果要恢复被取消的选区，可执行菜单栏"选择">"重新选择"。

2.2.3.4 选区的组合

在已经创建的选区上，用户可以进行增加选区、减少选区和交叉选区等组合，以便完成更加复杂、精确的图像选择。工具箱中的各种选择工具，例如形状选框、套索、魔棒等，在其工具选项栏中，均能找到组合选项 □ □ □。

· "添加到选区" □，单击此按钮进行选区选择，可在原有选区的基础上增加选区，也可以按住 Shift 键在当前选区的基础上增加选区。

· "从选区减去" □，单击此按钮进行选区选择，可在原有选区的基础上减少选区，也可以按住 Alt 键在当前选区的基础上减少选区。

· "与选区交叉" □，在此命令下，新建选区与原选区有重叠交叉时，只保留交叉部分的选区，也可同时按下 Shift 键和 Alt 键来执行。

示例 2-2-2 进行多种选区组合方式练习，创建植物平面图素材选区

① 利用多种选区组合方式，例如从图 2-2-23 中的 6 个植物平面图素材中选择其中 3 个创建选区，这 3 个植物素材选区分别是第 1 行的第 2 个、第 2 行的第 1 个和第 3 个。

② 方法一（推荐使用）：按下快捷键【Shift+W】切换至"快速选择工具"，选择合适的画笔大小，在图中第 1 行的第 2 个植物平面素材上单击并拖动，创建第一个选区。执行同样操作分别创建其他两个选区，完成如图 2-2-24 所示选区组合（在快速选择工具中，默认创建新选区为"增加到选区"的方式）。

③ 方法二：按下快捷键【Shift+L】切换至"多边形套索工具"，建立如图 2-2-25 所示

图2-2-23　植物平面图素材

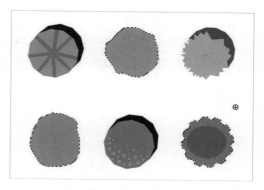

图2-2-24　选区创建完成

的多边形选区，然后按下快捷键【Shift+W】切换至"魔棒工具"，容差为默认32，按住 Alt 键减选，在多边形选区内的任意白色背景区域单击，如图2-2-26所示，将白色背景从多边形选区中减掉，完成选区。

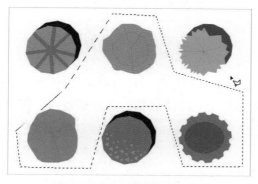

图2-2-25　完成多边形选区

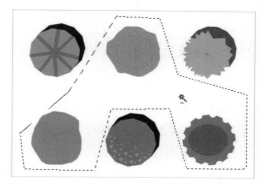

图2-2-26　使用魔棒工具减选

④ 方法三：按下快捷键【Shift+M】切换至"矩形选框工具"，框选第一个植物平面图素材后，按住 Shift 键加选，依次框选其他两个素材，如图2-2-27所示。单击菜单栏"选择">"色彩范围"命令，打开"色彩范围"对话框，容差设置为40，然后单击矩形选区中的白色背景，并将对话框中的"反相"复选框进行勾选，如图2-2-28所示，完成设置后按确定按钮，完成选区创建。

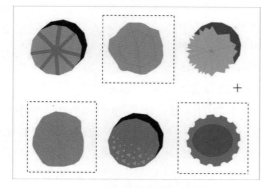

图2-2-27　完成矩形选框加选

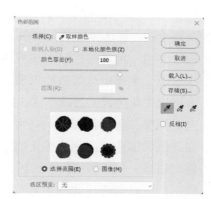

图2-2-28　设置"色彩范围"对话框

2.2.3.5　隐藏选区

选择菜单栏"视图">"显示额外内容"命令，或按下快捷键【Ctrl+H】，可控制选区的隐藏或显示，隐藏选区时，图像中虽然看不到选区，但它仍然存在。

> **技巧提示：**
>
> ○ 对已经建立的选区可以在当前文档窗口中任意移动，也可将其移动至其它打开的图像文件中，只需单击并拖动选区至其它图像文件选项卡，当切换至图像窗口后，将指针指向需要放置选区的位置，松开鼠标即可。
>
> ○ 在Photoshop 2023中，实现选区的创建方式有很多种，用户需对各种选择工具及其加选、减选等组合方式非常熟悉，才能在不同情况下快速想到哪种方式更为方便合理，从而提高效率。
>
> ○ 当图像窗口中创建了大量选区时，有些图像的细节效果可能会被选区遮挡或影响其显示，此时可按下【Ctrl+H】暂时隐藏选区，非常方便。

2.2.4　选区的编辑

选区创建后，除了可对其进行移动、选区组合等基本操作外，还可以对选区进行更深入的编辑操作，这些命令大部分都在"选择"菜单栏下，主要包括：选择并遮住、修改、变换选区、存储和载入选区等。

2.2.4.1　选择并遮住

"选择并遮住"命令，可以对已经创建的选区进行平滑、羽化等操作，从而达到所需要的选区边缘效果。用户可以在工具箱任意一个选择命令的工具选项栏中，单击 选择并遮住... 按钮，或单击菜单栏"选择">"选择并遮住"来执行。执行命令后，系统会打开相关属性的对话框，如图2-2-29所示。

图2-2-29　"选择并遮住"对话框

对话框中的主要选项包括：

- 视图模式，可在视图下拉列表中选择视图显示的方式，包括白底、黑底、闪烁虚线、叠加等共计7种方式。
- 调整模式，可选择颜色与对象识别两种模式。
- 边缘检测，可通过控制滑块或输入数值的方式，指定半径值，来确定选区边缘周围区域的大小，通过该命令可以柔化边缘的过渡选区，或创建更加精确的选区边界，如毛发边界等。
- 全局调整，包括：平滑——可减少选区中不规则区域，使轮廓更加平滑；羽化——在选区周围像素间创建柔化的边缘过渡；对比度——可锐化选区边缘，增加对比度；移动边缘——扩展或收缩选区。
- 输出，可以勾选净化颜色选框，来去除图像的彩色杂边，并可在"输出到"下拉列表中，选择输出的形式。

示例2-2-3 利用"选择并遮住"命令，创建毛发选区

① 按下快捷键【Shift+W】切换至"快速选择工具"，选择合适的画笔大小，对图像中大部分的动物身体及毛发创建选区，如图2-2-30所示。

② 单击工具选项栏中的 选择并遮住... 按钮，打开"选择并遮住"对话框，调整边缘检测半径数值为20，让其能够将所选毛发的大部分边缘包含在内，使用"调整边缘画笔工具" ✒，对未包含在内的毛发边缘进行细部涂抹，并将全局调整中的对比度设置为5，移动边缘设置为10，在

图2-2-30　使用"快速选择工具"创建选区

输出设置中勾选"净化颜色"，将输出到选为"新建图层"，具体设置如图2-2-31所示。

③ 完成"选择并遮住"对话框设置后，按回车键确定，完成选区的创建，如图2-2-32所示。

图2-2-31　设置参数

图2-2-32　完成选区创建并新建图层

（注：对于更加复杂的毛发选区创建，单纯使用"选择并遮住"命令无法精确到细节，可结合蒙版及多次使用"选择并遮住"命令进行叠加等方式进行）

2.2.4.2　修改

在菜单栏"选择">"修改"当中，包含边界、平滑、扩展、收缩和羽化，通过这些命令，可以对已有选区进行相对应的细化操作。

- 边界，选择已有选区的周围像素并建立边界选区，当需要选择图像周围的边界而不是图像本身时，可以使用此命令，图2-2-33为边界宽度50像素时的效果。
- 平滑，对已有选区按照所设置的取样半径进行边缘平滑处理，可与魔棒或色彩范围工具结合使用，效果较好。
- 扩展和收缩，按照所设置的扩展或收缩量，对原有选区进行扩展或收缩，可用来处理一些素材中常会出现的白边或黑边，图2-2-34为收缩量20像素时的效果。

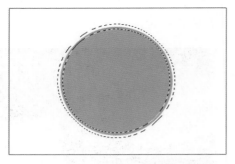
图2-2-33 边界宽度50像素

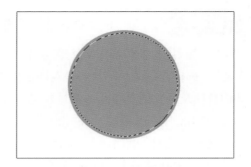
图2-2-34 收缩量20像素

· 羽化，可以使选区边界与周围的像素之间，以渐变的方式进行融合过渡，达到衔接自然的效果。在使用选框、套索等工具创建选区时，可在工具选项栏中对羽化进行设置，之后可创建带有羽化的选区。也可以在选区建立后，通过菜单栏"选择">"修改">"羽化"，或按快捷键【Shift+F6】来对选区进行羽化。羽化半径可用来设置羽化的范围，数值越大，范围越广。图2-2-35和图2-2-36分别为羽化值0和80时复制图像的效果。

图2-2-35 羽化值0时的椭圆选区

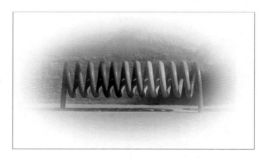
图2-2-36 羽化值80时的椭圆选区

2.2.4.3 变换选区

执行菜单栏"选择">"变换选区"命令，可在选区上出现调节框，通过拖动控制点即可实现对选区的放大、缩小、旋转等变换操作，还可以通过工具选项栏对更多选项进行设置。

2.2.4.4 存储和载入选区

创建选区后，可通过菜单栏"选择">"存储选区"命令，将选区保存至Alpha通道中，执行命令后，系统会打开存储选区对话框，输入选区名称后，即可进行保存。当需要对保存过的选区进行使用时，可单击菜单栏"选择">"载入选区"，选择保存的选区通道名称，进行载入。通过存储选区和载入选区对话框选项，还可以在存储和载入选区时，执行加选、减选、交叉选择和反相等更多操作。

技巧提示：

○ 当对较小的选区执行羽化时，如果羽化半径数值设置过大，会弹出"警告"窗口，这是因为设置的羽化半径已经超出了选区本身的像素范围，只需将半径值改小即可。

○ 在执行"变换选区"命令时，只是对当前的选区进行放大、缩小或旋转操作，而选区内的图像不会发生任何变化。

○ 在风景园林效果图后期处理过程中，当需要对背景天空进行素材替换时，可使用菜单栏"选择"＞"天空"快速建立天空选区以提高出图效率。

2.2.5 钢笔与快速蒙版的选区应用

在 Photoshop 2023 中，除了可以使用形状选择、对象选择、快速选择、魔棒和色彩范围等常规工具创建选区以外，还有其他多种选区的建立和编辑方式，常见的有钢笔路径和快速蒙版。

2.2.5.1 钢笔路径与选区

钢笔工具可以绘制矢量图形，也可以通过绘制路径来创建选区，用户可以单击工具箱中的钢笔工具 ，或按快捷键 P，并通过工具选项栏切换至"路径"来执行命令，在需要创建选区的位置单击放置第一个锚点，之后在合适的转折点单击并拖动鼠标创建第二个锚点，在拖动过程中可以调整方向线的长度和方向，并对下一个锚点的路径走向产生影响，如图 2-2-37 所示。继续单击拖动创建其他锚点，回到原点使路径闭合后，即可创建所需的平滑曲线路径，如图 2-2-38 所示（钢笔路径的具体绘制技巧及路径的编辑方法详见下文解释）。

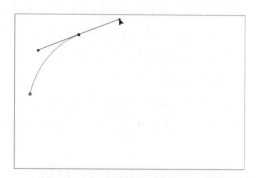

图 2-2-37　放置锚点并拖动绘制曲线

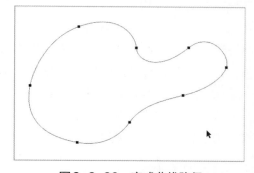

图 2-2-38　完成曲线路径

在工具箱中选择"路径选择工具" ，或按快捷键 A，可将完成的曲线路径进行选定，之后右击弹出快捷菜单，选择"建立选区"，或在完成路径后直接按快捷键【Ctrl+Enter】，即可创建由路径转换而成的平滑曲线选区，如图 2-2-39 所示。

2.2.5.2 快速蒙版与选区

快速蒙版提供了一种方便灵活的创建和编辑选区的方式，在快速蒙版状态下，大多数的 Photoshop 命令和滤镜均可对其进行修改操作。用户可以通过单击工具箱中的"以快速蒙版模

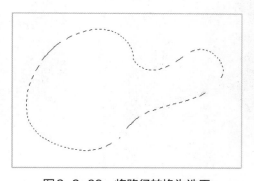

图 2-2-39　将路径转换为选区

式编辑"按钮 ，或按快捷键Q，来切换至快速蒙版状态。在默认的快速蒙版模式下，未被选中的区域会被覆盖以透明的红色，选中的区域保持原样，而使用白色绘制可增加选区，黑色用来减掉选区，灰色可创建羽化选区。快速蒙版与画笔等工具的配合使用，是创建复杂选区的最佳工具。

示例2-2-4 使用快速蒙版创建复杂选区

① 为使创建选区的过程更加清晰且便于观察，可对工具箱中的快速蒙版工具  进行双击，在打开的"快速蒙版选项"对话框中，将"色彩指示"选择为"所选区域"，将颜色指定为绿色，如图2-2-40所示。

② 使用"快速选择"命令，创建大部分摇椅设施的初步选区。由于对象与背景的边界颜色区分并不明显，选区出现了很多错选区域，用户可暂时忽略。

③ 按快捷键Q切换至快速蒙版模式，图中被选择的区域会显示为绿色，未选择的区域保持不变，如图2-2-41所示。

图2-2-40　快速蒙版选项设置

④ 按快捷键B切换至画笔工具 🖌️，选择硬边画笔并使用合适大小的笔头，确认前景色为黑色（画笔工具和前景色的详细介绍可见下文解释），对需要选择但未被选中的区域进行涂抹来加选，同时，可按快捷键X切换前景色为白色，对不需要选择的区域进行涂抹并减选。在使用画笔工具进行加选和减选过程中，可随时根据所选区域的需要，切换笔刷的大小，按快捷键[会减小笔刷，快捷键]会放大笔刷，完成选区细节，如图2-2-42所示。在实际操作过程中，也可以根据需要使用诸如矩形、多边形套索等选区工具，选择后快速填充为黑色或白色来实现加选或减选。

⑤ 按下快捷键Q退出快速蒙版模式，并完成选区创建，如图2-2-43所示。如果使用灰色，并在画笔工具选项栏中设置一定的透明度，即可创建带有羽化透明效果的选区，在图像合成时会使效果更加逼真。

图2-2-41　快速蒙版模式

图2-2-42　细节调整

图2-2-43　完成选区

2.3 图像的编辑与修饰

使用 Photoshop 对图像进行处理有两种方式:一种是对图像整体的编辑, 另一种是对创建的选区进行修饰, 无论哪种方式, 所使用的工具和方法基本都是一致的, 包括有图像尺寸的调整、移动复制与粘贴、变换与变形、撤销与恢复、绘画与擦除、填充和渐变等。这些都是 Photoshop 2023 中最为核心的编辑和修饰命令。

2.3.1 尺寸调整与裁剪

对于图像的整体编辑, 最基本的命令有:图像大小的调整、画布大小的调整、裁剪工具和图像旋转, 这些都决定了图像的整体尺寸属性。

2.3.1.1 图像大小

图像大小命令可以用来调整图像的像素、分辨率和文档尺寸的大小, 并决定了图像的清晰度、打印属性和文件所占用的存储空间。用户可以通过单击菜单栏"图像">"图像大小", 在打开的"图像大小"对话框中进行选项设置, 如图 2-3-1 所示。

图 2-3-1 "图像大小"对话框

对话框中的主要选项内容包括:

① 尺寸, 可在尺寸箭头处单击, 在出现的菜单栏中选择尺寸的度量单位。

② 调整为, 通过此选项, 可以按照预设进行图像大小的调整, 也可以通过选择自动分辨率为特定的打印输出调整图像大小。

③ 宽度/高度/分辨率, 通过宽度、高度和分辨率的设置来控制图像的尺寸, 默认情况下, 图像的宽度和高度比值处于锁定状态, 调整其任意一项, 另一项也会做等比例的改变。

④ 约束比例, 当此选项处于按下激活状态时 🔒, 会保持最初的宽度和高度比值, 反之则可单击取消其链接状态 🔒, 此时可对宽度和高度进行自由更改。

2.3.1.2 画布大小

画布是指整个图像文档的工作区域, 通过菜单栏"图像">"画布大小", 可打开"画布

图2-3-2 "画布大小"对话框

大小"对话框，如图2-3-2所示，在此对话框中，用户可对画布宽度和高度的大小进行数值调整，从而改变图像工作区域的大小。在"画布扩充颜色"中，可选择新增加画布的颜色。

2.3.1.3 裁剪工具

使用裁剪工具可以对图像进行裁剪并重新定义图像的大小，通过选择工具箱中的"裁剪工具"🔲，或按快捷键C来执行。之后会在图像中出现矩形的裁剪框，用户可对裁剪框的四个边线进行拖动放置，可对四个角点拖动及旋转，也可在选框内单击并拖动来放置图像的位置，然后按回车键确认裁剪。选择裁剪工具后，工具选项栏会出现如图2-3-3所示选项。

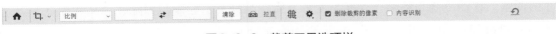

图2-3-3 裁剪工具选项栏

在裁剪工具选项栏中，用户可以选择不同的裁剪预设，可以指定裁剪的长宽比，可以选择视图的显示方式，还可以对裁剪的其他选项进行设置。

示例2-3-1 使用"裁剪工具"对图像进行裁剪、旋转和更改大小

① 打开图像后，按快捷键C执行裁剪工具，图像会出现矩形裁剪框，如图2-3-4所示。
② 调整裁剪框的四个边线位置，将其拖动至水壶附近，如图2-3-5所示。

图2-3-4 矩形裁剪框

图2-3-5 调整选框位置

③ 将鼠标移动至裁剪框任意角点附近，当出现 🔄 图标时，按下鼠标并拖动，对图像进行旋转，如图2-3-6所示。
④ 再次对裁剪框的边线进行微调，调整确认无误后，按回车键确认裁剪，完成效果如图2-3-7所示。

2.3.1.4 图像旋转

对于打开的图像，用户可以通过菜单栏"图像">"图像旋转"，对图像旋转的方式进行选择，包括有180°、90°、任意角度、水平翻转和垂直翻转。

图2-3-6　在裁剪框旋转图像

图2-3-7　完成效果

2.3.2　移动、复制和粘贴

2.3.2.1　移动

移动工具是Photoshop中最常用到的工具之一，在工具箱中选择移动工具✛，或按快捷键V，拖动所需移动的图像即可。移动的对象可以是图层内的全部图像，也可以是选区内的图像，在移动时可以按住Alt键的同时拖动，对图像进行复制。在不同图像文件之间进行移动时，可在需要移动的对象上单击并拖动至另一个文件选项卡标题栏上，当切换至该文档后，将鼠标拖至图像中松开即可。移动工具选项栏如图2-3-8所示。

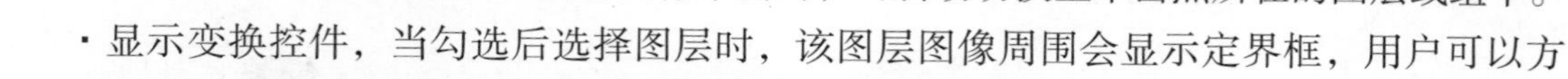

图2-3-8　移动工具选项栏

移动工具选项栏中主要内容包括：

· 自动选择，当图像中包含多个图层时，可将其勾选，并在之后的列表中选择"图层"或"组"，然后在使用移动工具对图像单击时，可自动切换至单击点所在的图层或组中。

· 显示变换控件，当勾选后选择图层时，该图层图像周围会显示定界框，用户可以方便地对定界框中的控制点进行拖动编辑，从而快捷地执行缩放、旋转等操作。

2.3.2.2　复制与粘贴

当对图像创建选区后，可以选择菜单栏"编辑">"拷贝"，或按快捷键【Ctrl+C】，将选中的图像复制到剪贴板，之后可以执行菜单栏"编辑">"粘贴"，或按快捷键【Ctrl+V】，将剪贴板中的图像粘贴到文件中。用户也可以选择菜单栏"编辑">"选择性粘贴"，可进行原位粘贴、贴入和外部粘贴。

2.3.2.3　图像文件复制

当需要对整个图像文件进行复制时，可以执行菜单栏"图像">"复制"，在弹出的对话框中进行新文件命名后，确定即可。

2.3.3 图像变换

2.3.3.1 自由变换

使用自由变换命令，可对图像进行放大、缩小、旋转、斜切、扭曲等自由度较大的变换操作。用户可以通过菜单栏"编辑" > "自由变换"，或按快捷键【Ctrl+T】来执行，工具选项栏会出现如图 2-3-9 所示选项，在这些选项中，用户可以对参考点位置、旋转角度、斜切角度等数值进行精确的设置。

图 2-3-9　自由变换工具选项栏

在执行自由变换命令后，对象图像上会出现定界框，如图 2-3-10 所示，通过对定界框控制点的操作结合相应的快捷按键，可对图像进行多种方式的变换。

（1）缩放与旋转

图像出现定界框后，将鼠标放在四个角点附近，当光标变为 ⤢ 时，单击并拖动鼠标可等比缩放对象，按下 Shift 键拖动时，可进行非等比缩放，同时按下 Alt 键拖动时，可以以对象中心点为原点等比缩放，如图 2-3-11 所示。按下回车键可确认变换操作，按下 Esc 键可取消变换。

当把鼠标放在定界框四个角点稍远的位置时，光标变为 ↻，此时单击并拖动鼠标可旋转对象，按下 Shift 键拖动时，可以 15° 为标准依次递增进行旋转，如图 2-3-12 所示。

图 2-3-10　定界框　　　　图 2-3-11　中心点等比缩放　　　　图 2-3-12　15°旋转

（2）斜切与扭曲

图像出现定界框后，将鼠标放在定界框外侧中间位置，按下Ctrl键，当光标变为 ↳或↳ 时，单击并拖动鼠标可沿垂直或水平方向斜切对象，如图2-3-13所示。

当把鼠标放在定界框四个角点并按下Ctrl键时，光标变为 ▷，此时单击并拖动鼠标可扭曲对象，如图2-3-14所示。

（3）透视

图像出现定界框后，将鼠标放在四个角点附近，同时按下Shift键、Ctrl键和Alt键，当光标变为▷时，单击并拖动鼠标可进行透视变换，如图2-3-15所示。

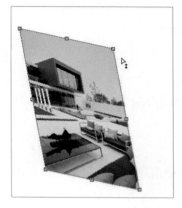
图2-3-13　斜切

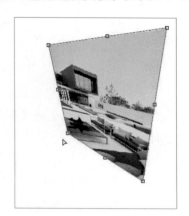
图2-3-14　扭曲

图2-3-15　透视

2.3.3.2　变换

通过菜单栏"编辑"＞"变换"，可对图像进行多种方式的变换操作，除了与自由变换命令相同的缩放、旋转、斜切、扭曲、透视外，还包括有变形、按度数旋转、水平翻转和垂直翻转等，如图2-3-16所示。

（1）变形

当需要对图像的局部进行扭曲变形操作时，可使用变形工具，通过菜单栏"编辑"＞"变换"＞"变形"，执行命令后，图像上会出现变形网格和锚点，用户可以拖动锚点及其方向线来使图像产生变形，如图2-3-17所示。

（2）旋转180°、旋转90°

通过菜单栏"编辑"＞"变换"，可选择将图像按照180°或90°的方向进行旋转操作。

（3）水平翻转和垂直翻转

通过菜单栏"编辑"＞"变换"，可选择将图像按照水平方式还是垂直方式进行镜像翻转操作，如图2-3-18所示对局部选区进行垂直翻转后的效果。

| 自由变换 |
| 缩放 |
| 旋转 |
| 斜切 |
| 扭曲 |
| 透视 |
| 变形 |
| 水平拆分变形 |
| 垂直拆分变形 |
| 交叉拆分变形 |
| 移去变形拆分 |
| 转换变形锚点 |
| 切换参考线 |
| 内容识别缩放 |
| 操控变形 |
| 旋转 **180** 度 |
| 顺时针旋转 **90** 度 |
| 逆时针旋转 **90** 度 |
| 水平翻转 |
| 垂直翻转 |

图2-3-16　"变换"菜单

图2-3-17 变形　　　　图2-3-18 局部垂直翻转

2.3.4 撤销与恢复

当在Photoshop 2023中进行编辑出现错误时，或是对效果不满意需要重做时，用户可以方便地撤销当前操作，并回到之前的编辑状态。

2.3.4.1 还原与重做

通过菜单栏"编辑">"还原"，或按快捷键【Ctrl+Z】可以撤销对图像的最后一次修改操作，返回之前的编辑状态，当需要逐步撤销多个操作时，可连续按下【Ctrl+Z】。用户同样可以通过菜单栏"编辑">"重做"，或连续按下【Ctrl+Shift+Z】逐步恢复被撤销的操作。

2.3.4.2 历史记录面板

在Photoshop 2023中的每一步编辑操作，都会被记录在历史记录面板中，用户可以方便地通过面板恢复到其中的某个状态，执行菜单栏"窗口">"历史记录"命令，可打开历史记录面板，如图2-3-19所示。

面板中的主要选项包括：

· 设置历史记录画笔的源 🖌️，在使用历史记录画笔时，该图标所在的位置作为源图像。

· 缩览图，用于记录显示图像的当前情况。

图2-3-19 历史记录面板

· 历史记录状态，记录了每一步的编辑和操作情况。

· 从当前状态创建新文档 📑，基于当前的编辑状态创建新文档。

· 创建新快照 📷，基于当前状态创建快照，用于记录编辑操作中的关键步骤。

· 删除当前状态 🗑️，选择其中一个编辑状态删除后，该步骤及之后的操作会被删除。

2.3.4.3 历史记录画笔

使用历史记录画笔工具，可将指定的历史记录状态为源数据，通过画笔对图像进行恢复操作。用户可在工具箱中选择"历史记录画笔工具"，或按快捷键Y，然后在工具选项栏中选择适合的画笔大小和所需的其他设置，在历史记录面板中指定所需的画笔源，之后在图像中对所需恢复的部分涂抹即可。

① 打开如图2-3-20所示图像，并打开历史记录面板。

② 按快捷键【Shift+Ctrl+U】，对图像进行去色处理，如图2-3-21所示。

③ 在历史记录面板中，将设置历史记录画笔的源 📓图标放置在图像刚打开时的状态上，如图2-3-22所示。

④ 按快捷键Y切换至历史记录画笔工具，选择合适的笔触大小，在图像黄色标识部分单击并涂抹，完成局部的恢复色彩操作，如图2-3-23所示。

图2-3-20　打开图像

图2-3-21　图像去色

图2-3-22　指定历史记录画笔源

图2-3-23　完成效果

技巧提示：

○【Ctrl+Z】的快捷键组合，在实际图像编辑过程中是最为实用的撤销操作方式。

○ 在默认情况下，历史记录面板共记录50步操作，如果需要增加记录数量，可在菜单栏"编辑"＞"首选项"＞"性能"中，将历史记录状态数值进行调整，但过多的数量会占用系统资源，影响计算机性能，用户可酌情选择。

2.3.5　设置颜色

用户在使用画笔、填充、渐变等图像编辑和修饰工具时，都需要指定颜色，Photoshop 2023提供了强大而方便的颜色选择方式，包括前景色和背景色、拾色器、吸管工具、颜色面板等。

图2-3-24　前景色与背景色

2.3.5.1　前景色和背景色

前景色和背景色工具位于工具箱的底部，叠加在前面的颜色图标表示是前景色，显示在背后的颜色图标表示是背景色，如图2-3-24所示的黑色为前景色，白色为背景色。当需要修改前景色或背景色的颜色时，可在其图标上单击，打开"拾色器"对话框，即可选择颜色。此外，也可以在"颜色"面板中或是使用吸管工具在图像中吸取颜色来指定。

·单击前景色和背景色切换图标 ，或按快捷键X，可切换前景色和背景色。

·单击默认前景色和背景色图标 ，或按快捷键D，可将它们恢复为系统默认颜色。

2.3.5.2　拾色器

单击前景色或背景色图标，会打开"拾色器"对话框，如图2-3-25所示，在拾色器中，用户可以在色域中单击来指定颜色，也可以通过HSB、RGB、LAB和CMYK四种颜色模型来精确地选取颜色。

"拾色器"对话框中的主要选项包括：

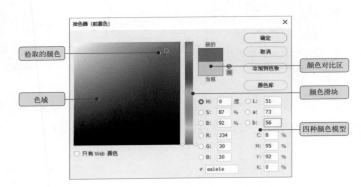

图2-3-25　"拾色器"对话框

·拾取的颜色、色域、颜色

　滑块，通过拖动颜色滑块可以调整颜色范围，确定范围后即可在色域中单击或拖动来调整所要拾取的颜色。

·颜色对比区，可将新拾取的颜色与之前颜色进行视觉对比。

·四种颜色模型，用于显示拾取颜色对应的四种颜色模式中的数值。

2.3.5.3　吸管工具

吸管工具可以从当前图像或窗口中的任意位置拾取颜色，并将其设置为前景色或背景色。用户可以在工具箱中选择"吸管工具" ，或按快捷键I来执行。使用时，可在图像任意位置单击，会出现取样环，并将其设置为前景色，按住Alt键单击，会将其设置为背景色。当单击并拖动时，取样环会出现两种颜色，下面的是前一次拾取的颜色，上面的为当前拾取的颜色。

2.3.5.4　颜色和色板面板

通过菜单栏"窗口">"颜色"，可打开颜色面板，其中显示了当前前景色和背景色的颜色值，用户可以通过对不同颜色模型对应的滑块进行拖动，来改变颜色的数值。

通过菜单栏"窗口">"色板"，可打开色板面板，其中用来存储经常使用的颜色，用户可在色板颜色中单击，将其指定为前景色，或是按住Ctrl键单击，将其指定为背景色。对于色板中颜色，用户也可以通过面板中的按钮进行方便的添加或删除。

2.3.6 绘画工具与擦除工具

画笔、铅笔等绘图工具用于在图像中绘制像素，橡皮擦、魔术橡皮擦等擦除工具用于在图像中删除或修改像素。

2.3.6.1 画笔工具

画笔工具类似于毛笔，可以在图像中使用前景色来绘制线条，使用工具箱中的画笔工具 ，或按快捷键B来执行，之后即可在图像所需位置进行绘制。画笔工具选项栏如图2-3-26所示。

图2-3-26 画笔工具选项栏

在画笔工具选项栏中，主要内容包括：

（1）画笔预设下拉菜单

单击画笔预设图标，会打开如图2-3-27所示的窗口，用户可以在其中选择合适的预设画笔，在"大小"中，可以通过滑块或输入数值的方式指定画笔的大小，"硬度"用来设置笔尖的软硬程度。选项栏下方有常规画笔、干介质画笔、湿介质画笔、特殊效果画笔等预设画笔类型，用户可按需进行选择。在 图标中，包含了更多的画笔预设选项，如图2-3-28所示，用户可在其中新建画笔预设、更改画笔预览方式、存储载入画笔、选择不同种类的预设组等。

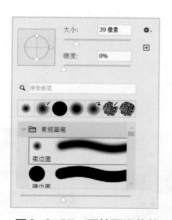

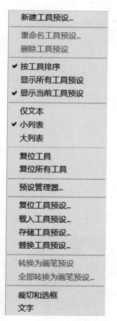

图2-3-27 画笔预设菜单　　　图2-3-28 更多画笔选项　　　图2-3-29 "模式"列表

（2）模式

在其下拉列表中，可选择画笔绘制的颜色与图像现有像素之间的混合方式，是局部编辑修饰图像时非常重要的手段，如图2-3-29所示。关于模式列表中选项的具体内容，详见下文2.5.3"图层混合模式"。

（3）不透明度

用来设置画笔的不透明度，数值越低，透明度越高，可创建柔和过渡的效果。

示例2-3-3 使用画笔的"模式"选项，对图像进行局部修饰

① 打开图像，在使用画笔工具开始修饰之前，为保证修饰范围的准确性，可先进行选区保护。按下快捷键P使用钢笔工具，沿图像第一个字母G的绿色部分绘制路径，完成后按【Ctrl+Enter】键创建选区，如图2-3-30所示。

② 继续对选区进行优化，按下【Alt+Ctrl+R】打开"选择并遮住"命令，对全局调整中的"平滑"设置为20，"羽化"设置为2像素，"移动边缘"设置为+40，如图2-3-31所示，之后按下回车键，完成选区优化。

图2-3-30　创建选区　　　　　　　　图2-3-31　"选择并遮住"优化选区

③ 按快捷键B切换至画笔工具，将前景色设置为亮红色，在画笔预设中选择合适大小的硬边画笔，并将"模式"选择为"色相"（只修改图像的色相，明度、饱和度保持不变），不透明度100%，使用画笔对选区内的图像进行涂抹绘制，完成如图2-3-32所示效果。

④ 之后可使用同样的方式创建其他字母选区，使用不同的前景色，不同的"模式"，结合不透明度的调整，完成如图2-3-33所示的效果。

图2-3-32　画笔绘制　　　　　　　　图2-3-33　完成效果

2.3.6.2　画笔面板

当在 Photoshop 2023 中使用绘画、涂抹、色调等修饰工具时，都需要对画笔进行选项设置，可单击菜单栏"窗口">"画笔"，或按快捷键 F5 来打开画笔面板，如图 2-3-34 所示。画笔面板是对于使用画笔类的工具修饰图像时经常要使用到的面板。用户可根据需要选择画笔类型和大小，并通过打开画笔预设面板进行进一步的参数调整。面板中的主要选项内容包括：

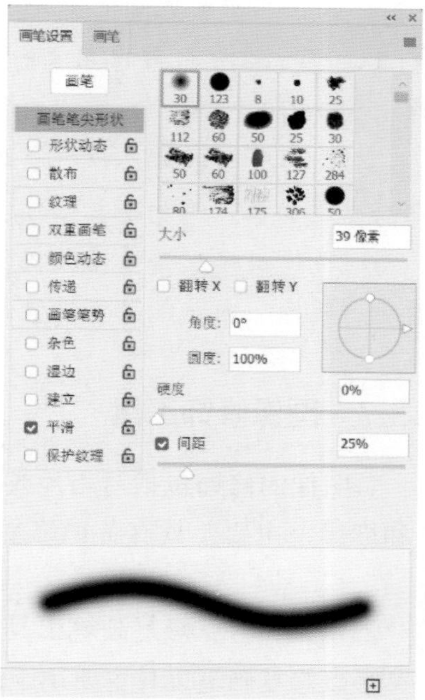

- 画笔笔尖形状，可对画笔笔尖的形状、大小、硬度、间距等进行设置，不同的画笔形状对应的选项会有所不同，均是对笔尖形状进行的调整。

- 形状动态，可对画笔的大小抖动、最小直径、角度和圆度抖动等进行调整，也可设置钢笔压感、渐隐等模式，当结合数位板和压感笔进行绘画时，能通过压力感应体现出画笔粗细、浓淡的变化。

- 散布，通过指定图案，并结合缩放、亮度、对比度、深度等参数来指定描边中笔迹的数量和位置。

图 2-3-34　画笔面板

- 纹理，可以给绘制的线条增加纹理。
- 双重画笔，可以使绘制的线条呈现两种画笔的效果。
- 颜色动态，通过选项参数调整来改变描边路线中油彩颜色的变化方式。
- 其他选项，包括有传递、画笔笔势、杂色、湿边、建立、平滑、保护纹理，分别对应画笔的不同特性进行参数控制，来达到所需的效果。

2.3.6.3　铅笔工具

铅笔工具同样是使用前景色来绘制线条，与画笔的区别是铅笔只能绘制硬边的线条，其使用方法和工具选项栏的选项内容，均与画笔保持一致。

2.3.6.4　橡皮擦工具

橡皮擦工具用来擦除图像，可使用工具箱中的橡皮擦工具 ，或按下快捷键 E 来执行。当对锁定的图层内的图像进行擦除时，擦除区域会自动替换为背景色，对其他图像会正常擦除掉像素。通过橡皮擦工具选项栏中的选项，可对擦除画笔的大小、模式、不透明度等进行调整。

2.3.6.5　背景橡皮擦和魔术橡皮擦工具

背景橡皮擦和魔术橡皮擦都是智能化的擦除工具，背景橡皮擦用于擦除背景，使用工具箱中的背景橡皮擦工具 ，可对图像背景进行智能化擦除。魔术橡皮擦可根据设置的容差，自动分析图像的边缘，进行自动擦除，可使用工具箱中的魔术橡皮擦工具 执行。

技巧提示:

○ 对于画笔、铅笔、橡皮擦等工具的笔尖大小,可以通过按快捷键 [将其依次调小,也可按下] 键将其依次调大。

○ 在使用画笔或铅笔工具绘制线条时,在任意一点单击,按住 Shift 键在另外一点单击,可绘制两点间的直线条。在绘制过程中,结合 Shift 键还可以创建水平、垂直或 45° 的直线条。

○ 当需要使用数位板和压感笔进行计算机模拟手绘时,可以根据所需要的效果,调整画笔面板,例如马克笔可选用方头画笔,水彩效果要调整"湿边"选项等。

○ 当使用橡皮擦等工具无法进行精确删除时,可先对需要擦除的区域创建选区,再进行擦除,或直接按下键盘删除键 Delete 来删除。

2.3.7 图像修饰工具

对图像的修饰包括对相片或图片素材缺陷区域的局部修复,改善图像的细节、色调、饱和度等,主要工具有各种修复画笔工具、图案图章工具、模糊、锐化、减淡、加深等工具。

2.3.7.1 污点修复画笔工具

污点修复画笔工具主要用于修复图像中污点、划痕和其他小面积的瑕疵部分,可以在工具箱中选择该工具 🖌️,或按快捷键 J 来执行,选择合适大小的画笔,并在需要修复的位置单击或涂抹,即可将其以周围的取样颜色进行替代并修复。

2.3.7.2 修复画笔工具

修复画笔工具 🖌️,同样可以对图像中的瑕疵部分进行修复,不同的是在修复前先要按住 Alt 键选择取样点,再对需要修复的部分进行涂抹修复。

2.3.7.3 修补工具

修补工具可以用其他区域中的图像像素来对选中的区域进行修补,单击使用工具箱中的修补工具 🔲,在需要修补的区域单击并绘制选区,然后将选区移动至需要取样的区域,松开鼠标即可。

示例 2-3-4 分别使用"污点修复画笔工具""修复画笔工具"和"修补工具"进行图像修复

① 打开图像,按快捷键 J,使用污点修复画笔工具,选择合适的笔尖大小,对如图 2-3-35 所示的位置区域进行涂抹,并完成修复。

② 按快捷键【Shift+J】切换至修复画笔工具,按住 Alt 键在需要修复的第二个区域周边进行取样,然后进行涂抹,如图 2-3-36 所示。

③ 再次按快捷键【Shift+J】切换至修补工具,在需要修复的第三个区域位置单击并拖动创建选区,之后将选区移动至周围的取样区域,如图 2-3-37 所示,完成修复。

| 图2-3-35 使用污点修复画笔 | 图2-3-36 使用修复画笔 | 图2-3-37 使用修补工具 |

2.3.7.4 红眼工具

使用红眼工具 ➕☻，可对相片中的人物或动物眼睛中出现的红眼，或白色反光等情况进行处理，只需选择该工具在红眼位置单击即可。

2.3.7.5 仿制图章工具

仿制图章工具可以通过取样仿制源，将图像信息复制到所需区域，也常常用来去除照片中的缺陷。用户可以通过工具箱中的仿制图章工具 🔖，或按快捷键S来执行，之后可以按住Alt键在所需位置单击，指定取样点，然后在需要复制的位置单击涂抹即可。仿制图章工具选项栏如图2-3-38所示，在选项栏中可以对画笔、模式、不透明度、流量等进行调整。

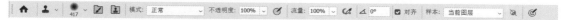

图2-3-38 仿制图章工具选项栏

示例2-3-5 使用仿制图章工具去除图像中的猫

① 打开图像，如图2-3-39所示。

② 按快捷键S，使用仿制图章工具，选择合适大小的柔边画笔，按住Alt键，在猫周边护栏的白色反光区域单击取样，然后对猫与护栏的重叠区域进行涂抹，为了使白色线条统一连贯，可在适当位置反复取样，并反复细致涂抹，完成如图2-3-40所示。

③ 按快捷键L，使用多边形套索工具创建如图2-3-41所示的选区，进行选区保护。

| 图2-3-39 打开图像 | 图2-3-40 使用仿制图章工具 | 图2-3-41 创建选区保护 |

④ 按快捷键S，继续使用仿制图章工具，按住Alt键，对背景的树丛进行反复取样并反复在选区内涂抹，完成如图2-3-42所示。

⑤ 使用同样的方法，用仿制图章工具结合选区，完成猫的身体与墙重叠区域的修改，完成如图2-3-43所示效果。

⑥ 对于桌子与猫重叠的区域，可以先使用多边形套索工具创建选区，来确定桌边角的位置，然后通过仿制图章工具对周边桌子进行反复取样，并对其进行反复涂抹修改，完成如图2-3-44所示效果。

图2-3-42　完成头部修改

图2-3-43　完成身体修改

图2-3-44　全部完成效果

2.3.7.6　图案图章工具

图案图章工具可以使用选择的图案或是自己创建的图案进行绘制，可在工具箱中选择该工具 ，并在工具选项栏中选择图案 ，使用合适的画笔即可进行绘制。用户也可以自己创建选区，并通过菜单栏"编辑"＞"定义图案"自行创建图案，创建后的图案会在工具选项栏的图案选择列表中出现。

2.3.7.7　模糊、锐化、涂抹工具

模糊工具 可以柔化图像的边界，减少图像细节；锐化工具 可以通过增强饱和度的方式，提高图像的清晰度；涂抹工具 可以模拟手指涂抹产生局部变形虚化的效果。用户可根据需要在工具箱中选择工具，并结合工具选项栏使用。

2.3.7.8　减淡、加深、海绵工具

减淡工具 和加深工具 ，都是通过对曝光度的控制来使图像中的某个区域减淡变亮或者加深变暗，用户在工具箱中选择工具，并在图像需要的位置涂抹即可。

海绵工具 用于改变图像色彩的饱和度，用户可以通过工具选项栏中的"模式"来切换，是增加饱和度还是降低饱和度。

技巧提示：

○ 当使用仿制图章工具或修复画笔工具时，都需要按Alt键进行取样，用户可以通过菜单栏"窗口"＞"仿制源"来打开仿制源面板，并可在面板中对不同的取样源进行选项设置。

○ 涂抹工具在使用时会使边缘产生虚化，并降低图像质量，用户可以使用菜单栏

"滤镜">"液化",在打开的"液化"对话框中,进行选项设置,并可完成类似于涂抹的变形效果,但其边缘不会虚化,变形效果更多、图像质量更高。

○ 锐化工具是通过局部提高像素饱和度的方式,来使图像更加清晰,但使用不当容易出现失真的情况,因此需谨慎使用。

2.3.8 填充、描边和渐变

填充是指在图像或选区内填充颜色或图案,描边是为选区描绘边缘,渐变则可以为图像或选区填充多种颜色间逐渐混合的渐变效果。

2.3.8.1 使用"油漆桶工具"填充

工具箱中的"油漆桶工具" 🪣 是一种填充工具,当图像中有选区时,使用此工具单击可对选区进行填充,当图像中没有选区时,会自动对与单击点像素类似的颜色区进行填充。工具选项栏如图2-3-45所示。

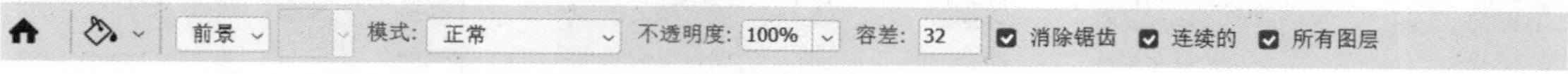

🏠 🪣 ∨ ┃ 前景 ∨ ┃ ∨ ┃ 模式: 正常 ∨ ┃ 不透明度: 100% ∨ ┃ 容差: 32 ┃ ☑ 消除锯齿 ☑ 连续的 ☑ 所有图层

图2-3-45 油漆桶工具选项栏

在油漆桶工具选项栏中,用户可以设置填充前景色或是图案,也可以设置填充的混合模式、不透明度、容差等。

2.3.8.2 使用"填充"命令进行填充

单击菜单栏"编辑">"填充",或按下快捷键【Shift+F5】,可打开"填充"对话框,如图2-3-46所示。在该对话框中可以选择填充的内容,包括前景色、背景色、指定颜色、图案等,也可以设置混合模式和不透明度。

同样,如果图像中包含选区时则是对选区进行填充,没有选区时,则填充所有图像。

图2-3-46 "填充"对话框

2.3.8.3 使用快捷键快速填充前景色、背景色

当需要填充前景色时,可按快捷键【Alt+Delete】实现快速填充;需要填充背景色时,可按快捷键【Ctrl+Delete】来快速填充。

2.3.8.4 描边

使用描边命令可以对图像或选区、路径周围绘制边框,执行菜单栏"编辑">"描边"命令,可打开"描边"对话框,如图2-3-47所示。在对话框中,用户可以设置描边的宽度、颜色,还可以设置描边的位置、混合模式和不透明度。

图2-3-47 "描边"对话框

① 打开图像，按快捷键L，使用多边形套索工具，创建如图2-3-48所示选区。

② 按快捷键【Shift+F5】，打开"填充"对话框，在"使用"下拉列表选择"颜色"并指定为红色，在"模式"中选择"柔光"，完成如图2-3-49所示填充效果。

③ 执行菜单栏"编辑"＞"描边"命令，打开"描边"对话框，设置"宽度"为15像素，"颜色"为白色，"位置"为居外，"模式"为正常，完成如图2-3-50所示描边效果。

图2-3-48 创建选区　　　　　图2-3-49 完成填充　　　　　图2-3-50 完成描边

2.3.8.5 渐变

渐变用来给图像或选区填充渐变的颜色，在Photoshop 2023中应用非常广泛，它不仅可以填充图像，还可以用来填充蒙版、通道和填充图层等。在工具箱中选择渐变工具 ▣，在工具选项栏进行相关设置，之后在图像中单击并拖动，松开鼠标后，即可创建从单击点至拖动方向之间的渐变。工具选项栏会出现如图2-3-51所示选项。

图2-3-51 渐变工具选项栏

渐变工具选项栏中的主要内容包括：

（1）渐变颜色条

单击渐变颜色条后边的三角符号 ▾，可打开如图2-3-52所示的下拉调板，在调板中可以选择系统预设的渐变类型。单击渐变颜色条 ▬▬，可打开如图2-3-53所示的"渐变编辑器"对话框，在对话框中可以对渐变进行编辑。

图2-3-52 预设渐变

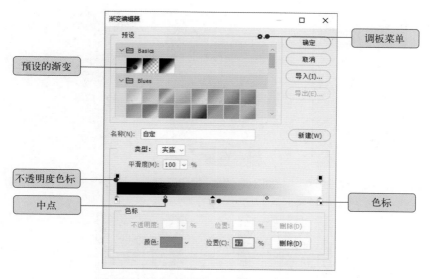

图2-3-53　"渐变编辑器"对话框

在"渐变编辑器"对话框中，用户可以选定预设的渐变并进行编辑，也可以通过"新建"按钮，新建自己的渐变。在渐变类型下拉列表中，可选择实底或杂色两种类型。

若需创建不透明的实色渐变，可先选择一种预设的实色渐变，该渐变的色标会出现在下方的渐变条中。用户可以通过在渐变条下方所需位置单击，即可添加新的色标，如图2-3-54所示，也可以将色标拖出渐变条即可删除。对色标或色标间的中点进行左右拖动，可移动其位置来改变渐变状态，如图2-3-55所示。对色标双击，可打开"拾色器"对话框，用户可在拾色器中对渐变的颜色进行修改。同样，在"渐变编辑器"对话框下方的色标选项中，也可以对色标的颜色、位置等进行调整。

图2-3-54　添加新色标

图2-3-55　移动色标位置

若需创建透明渐变，可先选择一种预设的透明渐变，如图2-3-56所示为蓝色到透明色的渐变（棋盘图案代表了渐变中的透明度）。用户可以通过在渐变条上方所需位置单击，即可添加新的不透明色标，如图2-3-57所示，使用与实色渐变同样的方式，可以对色标进行删除和移动，并可对其不透明度进行调整。

图2-3-56　蓝色到透明色渐变

图2-3-57　增加不透明色标

（2）渐变类型

在渐变工具选项栏中共提供了5种渐变类型，分别是线性渐变 ■、径向渐变 ■、角度渐变 ■、对称渐变 ■和菱形渐变 ■。其渐变方式如图2-3-58～图2-3-62所示。

图2-3-58　线性渐变　　　图2-3-59　径向渐变　　　图2-3-60　角度渐变

图2-3-61　对称渐变　　　图2-3-62　菱形渐变

（3）模式

用来设置渐变颜色与下层图像间的混合模式，当需要对图像进行颜色渐变效果叠加时，常使用此种方式。

> **技巧提示：**
>
> ○ 当对选区进行颜色填充时，最快捷方便的方式就是通过【Ctrl+Delete】或【Alt+Delete】填充前景或背景色，可以大大提高绘图效率。
>
> ○ 在填充渐变色时，按住Shift键拖动鼠标，可创建水平、垂直或45°角的渐变。
>
> ○ 使用渐变工具可以对图像进行色彩调整，在使用时往往要结合"模式"去进行，例如正片叠底、变亮、柔光、颜色等，可以在不影响图像原有细节和纹理的基础上，实现对图像颜色渐变式的调整。

2.4　图像的颜色调整

颜色是图像最重要的一项属性，通过不同的颜色可以体现图像不同的个性色彩和环境氛围，并带给人不同的视觉体验，Photoshop 2023提供了多种颜色调整的工具，可以方便地实现图像色彩和色调的修改，使图像更具表现力。

2.4.1 自动调整命令

在菜单栏"图像"中，自动色调、自动对比度、自动颜色命令可以自动对图像的颜色进行简单调整，在对图像颜色处理要求不高的情况下可以使用。自动色调命令，是通过将每个通道中的最亮部分映射到纯白，最暗部分映射到纯黑，来对图像的色调进行调整。自动对比度命令，是通过自动调整图像的对比度，让亮的更亮，暗的更暗，来实现调整，此命令不会改变图像的颜色倾向。自动颜色命令，可以通过搜索图像来标识阴影、高光和中间调，可以实现对出现色偏的图像进行自动校正处理。

2.4.2 色阶与曲线

2.4.2.1 色阶

色阶是通过调整图像的阴影、中间调和高光的强度级别来校正颜色范围，实现对图像的调整。通过执行菜单栏"图像">"调整">"色阶"，或按快捷键【Ctrl+L】，可以打开"色阶"对话框，如图2-4-1所示，通过打开的对话框中的选项，可以实现图像的色阶调整。主要选项包括：

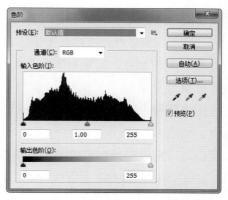

图2-4-1 "色阶"对话框

① 预设，其后的下拉列表中包含系统预设的色阶调整方式，也可以自己定义。

② 通道，可以针对特定的颜色通道进行调整，通道调整会影响图像的颜色倾向。

③ 输入色阶，以直方图的方式显示当前打开图像的色调范围，通过直方图可以清晰地了解图像中阴影、中间调和高光的颜色信息情况。在直方图中，左侧滑块位置 ▲表示图像中最暗的部分（阴影），右侧滑块位置 △表示图像中最亮的部分（高光），中间滑块位置 ▲表示图像中的灰度部分（中间调）。直方图中黑色显示的"山峰"，代表了图像中所对应区域颜色信息的密集程度。例如图 2-4-2 所示，直方图中的左侧黑色区域像素较多，表示图像中的暗部信息较多；图 2-4-3 所示，直方图中的右侧黑色区域像素较多，表示图像中的亮部信息较多。

当需要图像调整时，可拖动左侧、右侧或中间的滑块进行移动，如果拖动中间的滑块向左移动，图像会变暗，向右移动，图像会变亮。

图2-4-2 暗部信息较多的直方图

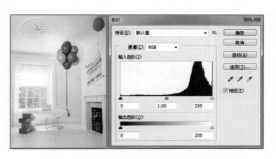

图2-4-3 亮部信息较多的直方图

④ 输出色阶，用来限定图像的亮度范围，同样通过拖动滑块来实现。

⑤ 自动，系统根据图像信息自动进行色阶调整。

⑥ 黑场 🖋灰场 🖋白场 🖋，通过在图像中指定黑场、灰场和白场的方式来调整图像，使用时可单击黑场 🖋图标，在图像中最暗的区域单击指定黑场，同样方式指定灰场和白场，可实现对图像色阶的调整。

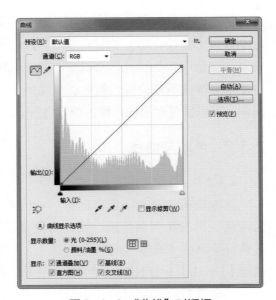

图2-4-4 "曲线"对话框

2.4.2.2 曲线

曲线工具是Photoshop 2023中功能非常强大的颜色调整工具，可以在图像色彩范围内提供最多14个控制点，实现对图像非常精确的调整。通过执行菜单栏"图像">"调整">"曲线"，或按快捷键【Ctrl+M】，可以打开"曲线"对话框，如图2-4-4所示，通过打开的对话框中的选项，可以实现图像颜色的曲线调整。

① 编辑点以修改曲线 ～，在该按钮处于按下状态时，可在曲线上单击来添加控制点，拖动控制点改变曲线的形状，即可对图像进行调整。将控制点向上拖动，可将图像整体调亮，向下拖动，整体变暗。如图2-4-5、图2-4-6所示。

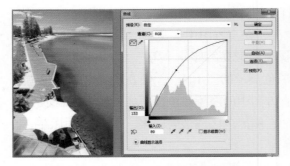

图2-4-5 向上拖动控制点变亮

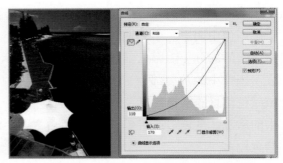

图2-4-6 向下拖动控制点变暗

② 通过绘制来修改曲线 🖉，在该按钮按下状态时，可模拟铅笔手绘的方式绘制自由曲线，绘制完成后，可单击 ～按钮，将其转换为带有控制点的曲线，然后可对控制点进行拖动编辑。

③ 平滑，使用 🖉绘制曲线后，可单击此按钮，对曲线进行平滑处理。

④ 曲线显示选项 ⊗，单击可打开选项，可对显示数量、网格、通道叠加、基线、直方图、交叉线等曲线的显示情况进行设置。

⑤ 在图像上单击并拖动可修改曲线 ，选择该工具后可在图像的所需位置单击并拖动，即可添加控制点并调整相应的色调。

① 打开一张图像素材，如图2-4-7所示。

② 按快捷键【Ctrl+L】，打开"色阶"对话框，在直方图中会看到该图像的阴影、中间调和高光的颜色信息情况，发现图像的暗部阴影信息和亮部高光信息均出现缺失，导致图像色调偏灰，层次不清。分别拖动"输入色阶"中的左侧滑块，将其移动至直方图中有黑色显示暗部区域的位置，右侧滑块拖动至直方图中有黑色显示亮部区域的位置，如图2-4-8所示，完成图像颜色的调整。

 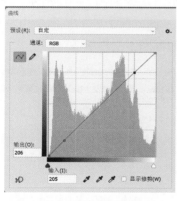

图2-4-7　打开图像　　　　　　　图2-4-8　调整色阶直方图

③ 回到步骤一，打开图像，按快捷键【Ctrl+M】，打开"曲线"对话框，在对话框曲线中分别在阴影部分和高光部分单击创建控制点，如图2-4-9所示。

④ 分别拖动两个控制点，形成如图2-4-10所示的曲线，即让图像中阴影部分更暗，高光部分更亮，完成图像颜色的调整。

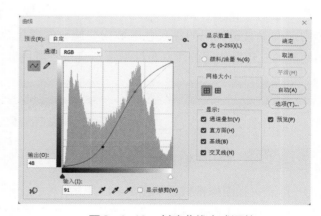

图2-4-9　创建控制点　　　　　　图2-4-10　创建曲线完成调整

2.4.3　亮度 / 对比度和色相 / 饱和度

2.4.3.1　亮度 / 对比度

亮度 / 对比度命令可以对图像的色调范围进行调整，单击菜单栏"图像">"调整">"亮度／对比度"，即可打开对话框，在对话框中可拖动滑块分别对图像的亮度和对比度进行调整，但这一过程可能会损失部分图像细节。

2.4.3.2 色相／饱和度

色相／饱和度命令可以对颜色的三大属性，即色相、饱和度和明度进行调整，是Photoshop 2023 中非常重要的颜色调整命令。通过菜单栏"图像">"调整">"色相／饱和度"，或按快捷键【Ctrl+U】，可以打开"色相／饱和度"对话框，如图 2-4-11 所示，通过打开的对话框，可以实现对图像颜色三大属性的调整。对话框中的主要选项包括：

① 预设，在其下拉列表中，显示了系统预设的色相／饱和度命令调整方式，也可以自己进行定义。

② 编辑颜色范围，通过下拉菜单 ▼，可选择图像调整的范围，包括全图、红色、黄色、绿色等。选择全图时，可以调整图像中所有颜色的相关属性信息。

图2-4-11 "色相／饱和度"对话框

③ 色相、饱和度、明度，通过拖动滑块，分别对图像的色相、饱和度和明度进行调整。

④ 在图像上单击并拖动可修改饱和度 🖐，选择该工具后，可将鼠标放在需要调整的颜色上单击并拖动，即可修改单击点颜色的饱和度，按住 Ctrl 键单击拖动可修改色相。

⑤ 着色，勾选此项后，图像会变成与所选前景色相同色相的统一色调。

⑥ 调整范围颜色条，在对话框底部共有两个颜色条，上面的颜色条对应图像调整前的颜色，下面的颜色条对应图像调整后的颜色，当用户在"编辑颜色范围"下拉菜单中选择了一种颜色后，例如洋红，两个颜色条之间会出现四个小滑块，如图 2-4-12 所示。此时，两个内部的垂直滑块间的深灰色区域为要修改的颜色范围，调整所影响的范围会由垂直滑块向两侧的三角滑块间的浅灰色区域逐渐衰减，滑块以外的范围不受影响。

图2-4-12 调整范围颜色条

示例2-4-2 使用色相／饱和度调整图像

① 打开一张图像素材，如图 2-4-13 所示。

② 按快捷键【Ctrl+U】，打开"色相／饱和度"对话框，在编辑颜色范围下拉菜单中选择黄色，并将鼠标移动至黄色圆点区域单击，指定要修改的颜色范围，然后对下方的颜色条滑块进行调整，使其调整影响的范围缩小，之后调整"色相"滑块，使图像中所有指定黄色范围的区域变为红色，如图 2-4-14 所示。

③ 当需要对部分特定区域的图像进行调整时，可创建选区进行区域保护。按快捷键M，创建如图 2-4-15 所示的多个选区，进行区域保护。

图2-4-13　打开图像

图2-4-14　对图像中黄色范围区域进行色相调整

④ 再次按下快捷键【Ctrl+U】，在打开的"色相 / 饱和度"对话框中，进行如图2-4-16所示的设置，完成局部图像的颜色调整。

图2-4-15　创建选区保护

图2-4-16　完成局部图像调整

> **技巧提示:**
>
> ○ 色彩三大属性中的饱和度，也称为纯度，用于反映颜色的鲜艳程度，将饱和度调整到最低时，可得到没有颜色信息的黑白图像。
>
> ○ 在对图像的局部颜色进行色相 / 饱和度调整时，可以进行选区保护，此时创建的选区不一定非常精确，只需要保证选区内没有与所选区域颜色相近的像素即可。
>
> ○ 在对色相 / 饱和度对话框中的选项进行编辑操作时，如果对效果不满意而想恢复到对话框最初的状态时，可按住Alt键，此时，原有的"取消"按钮会变成"复位"按钮，单击即可。此方法同样适用于其它类似的对话框中。

2.4.4　黑白、去色和阈值

使用黑白、去色和阈值命令都可以得到一张没有颜色信息的黑白图像，但它们的使用方法和显示效果各有不同。

2.4.4.1　黑白

使用黑白命令可以将彩色图像转变为灰度图像，同时可对各颜色的转换进行更好的控制，通过对不同颜色进行色调调整，来提高灰度图像的层次。执行菜单栏"图像">"调整">"黑白"，或按快捷键【Alt+Shift+Ctrl+B】，即可打开对话框，如图2-4-17所示，在其中可对不同颜色进行分别的选项控制，以达到所需效果。另外，将"色调"复选框选中，还可以将图像转变为单色效果。

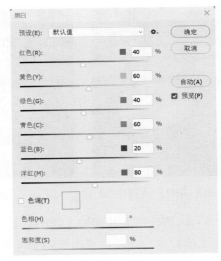

图2-4-17 "黑白"对话框

2.4.4.2 去色

使用去色命令可以将图像的饱和度降至最低，实现图像的黑白去色效果，通过"图像">"调整">"去色"，或按快捷键【Shift+Ctrl+U】即可。

2.4.4.3 阈值

阈值命令可以将彩色图像或灰度图像转变为只有黑色和白色的黑白图像，通过"图像">"调整">"阈值"，在出现的对话框中，可对阈值色阶进行调整，来控制黑白转换的区域范围。

2.4.4.4 其他

通过"图像">"调整">"通道混合器"，可打开对话框，对其中的"单色"进行勾选后，可同样将图像转变为灰度图，并根据通道和常数的调整，增加灰度细节。

通过"图像">"模式">"灰度"，可将图像转换为灰度模式，此时，图像的色彩信息会被删除，且无法在该模式下进行颜色处理。

2.4.5 其他颜色调整命令

2.4.5.1 曝光度

曝光度命令主要用于调整图像的曝光度，对于曝光不足或曝光过度的图像可以起到较好的调整作用。通过"图像">"调整">"曝光度"，打开对话框，在对话框中可对曝光度、位移等选项进行设置。

2.4.5.2 自然饱和度

主要用于处理人像，调整饱和度，与"色相/饱和度"命令中饱和度有所不同，自然饱和度的调整更加趋于平缓自然，并可防止饱和度过强带来的溢色。通过"图像">"调整">"自然饱和度"，打开对话框，进行选项设置即可。

2.4.5.3 色彩平衡

该工具主要用于调整各种色彩间的平衡，常用来进行图像色彩的校正。通过"图像">"调整">"色彩平衡"，可打开对话框，通过对其中的选项进行设置来完成操作。

2.4.5.4 阴影/高光

主要用于处理由于逆光拍摄形成的剪影式的相片，通过"图像">"调整">"阴影/高光"，可打开对话框，在其中可对阴影和高光的数量进行调整，并可勾选"显示更多选项"，对更多选项参数进行设置。

2.4.5.5　匹配颜色

匹配颜色可以使一个图像的颜色与另外一个图像相匹配，形成统一的色调。通过"图像" > "调整" > "匹配颜色"，可打开对话框，其中的"目标图像"是指要被修改的图像，在"源"选项下拉列表中可以选择要匹配到目标图像的源图像，并对其他选项进行设置完成操作。

2.4.5.6　替换颜色

该命令可以通过选取图像中的特定颜色，并修改替换其色相、饱和度和明度。通过"图像" > "调整" > "替换颜色"，可打开对话框，在"选区"栏选项中，使用吸管工具在图像中单击选择要切换颜色的区域，并在对话框中调整颜色容差来确定替换范围，即可在"替换"栏选项中对色相、饱和度或明度进行调整替换。

2.5　图　层

图层，是Photoshop 2023中最核心也是最重要的功能之一，使用图层可以方便地对用户所需要修改的图像进行编辑和管理，并可创建各种特殊效果，绝大多数的图像处理都是依托于图层来进行的。

2.5.1　图层简介

2.5.1.1　图层的概念

图层就像是堆叠在一起的透明纸，每一层透明纸上都包含有不同的图像，图层中有图像的不透明区域会对下面的图层产生遮挡，没有图像的透明区域，可以看到下面的图层内容。

各个图层中的图像都可以进行独立的编辑，不会对其他图层产生影响，用户通过图层面板可以上下拖动图层来改变它们的前后顺序，并产生不同的遮挡关系。

2.5.1.2　图层面板

图层面板用于创建、编辑和管理图层，绝大部分与图层相关的命令和操作都可以通过图层面板来实现。用户可以通过"窗口" > "图层"，或按快捷键F7来打开或关闭图层面板，面板中的主要选项内容如图2-5-1所示。

- 图层过滤器 ，通过不同的搜索条件，可以方便快捷地找到相关图层，对于查找和管理图层非常方便。
- 图层混合模式 ，在下拉列表中可选择设置当前图层与下面图层间的混合模式。
- 不透明度 ，可设置图层的不透明度。
- 锁定按钮 ，可对透明像素、图像像素和位置进行单独锁定，也可以对其全部锁定。
- 填充不透明度 ，可以设置图层的填充不透明度，但不会影响图层效果。

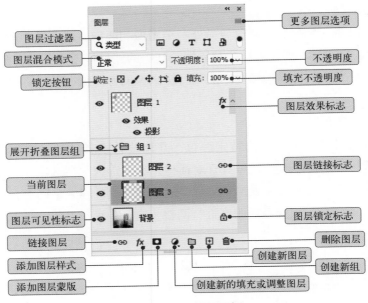

图2-5-1　图层面板

- 图层可见性标志 👁，图标显示表示显示图层，没有图标表示隐藏图层。
- 当前图层，深色显示当前所选择的图层，图像编辑时只针对当前选择的图层进行。
- 展开/折叠图层组，单击可展开或折叠图层组。
- 链接图层 🔗，用于链接选定的多个图层。
- 添加图层样式 *fx*，在弹出的列表中可选择需要添加的图层样式效果。
- 添加图层蒙版 ◻，单击可对当前图层添加蒙版。
- 创建新的填充或调整图层 ◑，在其弹出的列表中可以选择要添加的填充或调整图层。
- 创建新组 ▣，用于创建图层组。
- 创建新图层 ▣，单击可创建一个新的图层。
- 删除图层 🗑，单击可将选定的图层或图层组删除。
- 更多图层选项 ☰，可打开更多的图层选项列表内容。

2.5.1.3　图层的类型

Photoshop 2023中可以创建多种类型的图层，它们各自有不同的特征和用途，在图层面板中的显示方式也各不相同，主要类型包括如图2-5-2所示。

- 蒙版图层，添加了蒙版的图层，使用蒙版可以控制图像的显示范围。
- 形状图层，使用钢笔等矢量图工具绘制的图形所创建的图层。

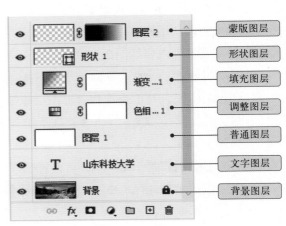

图2-5-2　图层常见类型

- 填充图层，通过纯色、图案和渐变创建的特殊涂层。
- 调整图层，可以对图像的颜色和色调进行调整，但不会改变原有图像的像素，可以在不破坏原有图像的基础上调色，且便于修改。
- 普通图层，没有添加样式或其他设置的普通图层。
- 文字图层，使用文字输入工具创建文字时创建的图层。
- 背景图层，新建文档或打开普通图像文件时默认存在的图层，处于图层面板最底部。背景图层默认为半锁定状态，无法移动图层顺序和使用混合模式，但可对其进行双击，并新建为普通图层，即可编辑。

技巧提示：

○ 在图层面板的图层缩览图上右击，可弹出快捷菜单，在其中可以选择缩览图的显示方式，包括无缩览图、小缩览图、中缩览图和大缩览图。

○ 图层缩览图显示了该图层包含的图像内容，棋盘格代表图层的透明区域。

○ 在打开一张图像时，大部分情况下只有一个背景层，当需要对背景层进行编辑时，可以在缩览图右侧的文字区域右击，在弹出的快捷菜单中，选择"复制图层"，创建一个副本普通图层，也可以按住Alt键的同时双击"背景"图层，可快速地将其转换为普通图层，方便实用。

○ 当需要对图层中的全部对象创建选区时，可按下Ctrl键的同时，单击该图层缩览图即可。

2.5.2 图层的基本操作

图层的基本操作包括新建图层、选择图层、移动和复制图层、链接和合并图层、删除图层等。

2.5.2.1 新建图层

在 Photoshop 2023 中，新建图层的方式有很多种，主要包括：

- 在图层面板中创建新图层，单击图层面板中的新建按钮 ⊞，即可创建默认选项设置下的新图层。
- 要创建具有一定属性特征的新图层，可通过菜单栏"图层"＞"新建"＞"图层"，或在按下Alt键的同时单击图层面板中的新建按钮 ⊞，即可打开如图2-5-3所示的"新建图层"对话框，可在其中对图层的名称、颜色、模式、不透明度等进行设置。
- 通过拷贝或剪切的图层创建新图层，在菜单栏"图层"＞"新建"中找到相关选项，可将选定的区域复制或剪切到一个新图层中。

2.5.2.2 选择图层

当需要选择一个或多个图层进行编辑时，可以使用下面的方式：

图2-5-3 "新建图层"对话框

（1）选择一个图层

在图层面板中所需选择的图层上单击，使其变为深色选定状态即可选择该图层，如图2-5-4所示。

（2）选择多个图层

如果需要选择多个相邻的图层，可在第一个图层上单击，然后按住Shift键在最后一个图层单击即可，如图2-5-5所示。如果需要选择多个不相邻的图层，可按住Ctrl键对所需选择的图层依次单击即可，如图2-5-6所示。同样，也可以按住Ctrl键对已经选择的图层进行单击取消选择。

图2-5-4　单击选择图层　　　图2-5-5　Shift连续多选　　　图2-5-6　Ctrl单击多选

（3）选择所有图层

通过菜单栏"选择"＞"所有图层"，或按快捷键【Alt+Ctrl+A】进行图层全选。

（4）取消图层选择

对于单个或多个图层的取消选择，可以按住Ctrl键对其进行单击；对于全部图层的取消选择，可以在图层面板最下方的空白处单击，或通过菜单栏"选择"＞"取消选择图层"。

2.5.2.3　移动和复制图层

用户可以通过在图层面板单击并拖动图层来调整图层顺序，也可以在选择图层后，通过菜单栏"图层"＞"排列"，将其置为顶层、前移一层、后移一层、置为底层。

对于图层的复制，用户可以在图层面板上单击选择要复制的图层，并将其拖动至"创建新图层"按钮 ⊞，松开鼠标后即可完成复制。也可以通过菜单栏"图层"＞"复制图层"，或在图层面板的该图层上右击，在弹出的快捷菜单中选择"复制图层"。

2.5.2.4　显示和隐藏图层

图层面板中每个图层缩览图前面都有一个眼睛图标 👁，该图标用于控制图层的显示或隐藏，有图标的图层表示为显示，没有图标的图层表示该图层处于隐藏状态。

2.5.2.5　修改图层名称和颜色

在新建图层时，系统会以"图层1""图层2"等方式命名，用户可以在图层面板上双击图层名称，在出现的文本框中进行图层名称的修改，如图2-5-7所示。

在图层数量较多的情况下，用户可以对重要的图层或同类型的图层进行颜色的设置，以便于查找和修改。在图层面板上右击需要设置颜色的图层，在弹出的快捷菜单中选择所需颜色即可，如图2-5-8所示。

2.5.2.6 锁定图层

在图层面板中，提供了多种图层锁定的方式 ，用户可以根据需要对不同的内容进行锁定，这样可以避免由于操作失误造成的内容或格式的损失。

- 锁定透明像素 ▨，按下该按钮后，图像中的透明区域将被保护无法编辑，只能编辑不透明的区域。
- 锁定图像像素 ✎，对图像像素进行保护，无法编辑图像内容，但可以移动、变换等。
- 锁定位置 ✛，按下此按钮后，图像将不能移动位置。
- 防止在画板和画框内外自动嵌套，▢ 选中之后，当使用移动工具将画板内的图层移动出画板时，被移动的图层不会脱离画板。
- 锁定全部 🔒，按下可锁定以上全部状态。

图2-5-7 修改图层名称

图2-5-8 修改图层颜色

2.5.2.7 链接图层和合并图层

用户可对两个或两个以上的图层或组建立链接，链接后的图层或组将作为一个整体建立关联，并可在一起进行移动、变换等操作。在对需要创建链接的图层进行选择后，单击图层面板的"链接图层"按钮 🔗，或通过菜单栏"图层">"链接图层"即可，链接后的图层后面显示为 🔗 标志，如图2-5-9所示。当需要取消链接时，选择图层并再次按下"链接图层"按钮 🔗 即可。

合并图层是指将多个图层合并为一层，在图像处理过程中，合理的图层合并，可以有效地减少软件对系统资源的占用，提高运行速度并便于图层的管理。常用的图层合并方法有：

① 合并图层，在图层面板中将需要合并的图层选择，单击菜单栏"图层">"合并图层"，或按快捷键【Ctrl+E】即可，如图2-5-10和图2-5-11所示。

图2-5-9 链接图层

图2-5-10 选择要合并的图层

图2-5-11 图层合并完成

② 向下合并图层，在选择一个图层后，通过菜单栏"图层">"向下合并"，或按快捷键【Ctrl+E】可将其与下方的一个图层进行合并。

③ 合并可见图层，通过菜单栏"图层">"合并可见图层"，或按快捷键【Shift+Ctrl+E】，可将图像中所有可见的图层进行合并。

④ 拼合图像，如果需要将图像中的所有图层合并，可执行菜单栏"图层">"拼合图像"。

2.5.2.8 删除图层

选择要删除的图层，单击图层面板当中的"删除图层"按钮 🗑，或将要删除的图层拖动至该按钮，均可执行删除。也可以选择图层后，按键盘上的Delete键执行删除。

2.5.2.9 图层组

图层组类似于一个文件夹，可以将多个图层放在一起，对其进行统一管理，图层组可以像普通图层一样进行移动、复制、变换等操作。

用户可以通过单击图层面板当中的"创建新组"按钮 📁，来创建一个空的图层组，也可以将需要放在一个组当中的图层全部选中，如图2-5-12所示，然后执行菜单栏"图层">"图层编组"，或按快捷键【Ctrl+G】进行编组，如图2-5-13所示。图层组建立后，可以通过单击组左侧的三角符号 ▼，将图层组进行展开或折叠，如图2-5-14所示。

当需要将图层加入到图层组时，只需要选择并将其拖动至组内即可，同样，也可以将组内的图层拖出组外，将其从组中移除。

如果需要取消图层组，可以先将组选定，然后执行菜单栏"图层">"取消图层编组"，或按快捷键【Shift+Ctrl+G】即可。

图2-5-12　选择图层

图2-5-13　完成编组

图2-5-14　展开组

> **技巧提示：**
>
> ○ 在图像文档之间进行图像复制时，粘贴过来的图像会自动建立新的图层。在当前图像文档中创建选区，并执行【Ctrl+C】复制，然后【Ctrl+V】粘贴，同样会自动建立新的图层。
>
> ○ 按住Alt键单击一个图层的眼睛图标 👁，可以将除了该图层以外的所有图层隐藏，再次单击，可将它们全部显示。
>
> ○ 在图层面板中，按住Alt键并拖动图层，可快速复制该图层。

2.5.3　图层的混合模式和不透明度

　　混合模式是 Photoshop 2023 的核心功能之一，它可以通过对比前后像素变化来对图像进行混合，主要用于图像合成，可形成一些特殊的效果。除了在图层面板中可以进行混合模式选择外，其他绘画修饰工具，如画笔、填充、渐变等，在其工具选项栏中也能找到"模式"。

　　图层的混合模式可以在图层面板当中进行选择 正常 ，默认为"正常"模式，单击该按钮，会出现如图 2-5-15 所示的列表，主要包括：

2.5.3.1　一般模式

- 正常，是图层的默认模式，当图层的不透明度保持默认 100% 时，上面的图像会完全覆盖下面的图像，如图 2-5-16 所示。
- 溶解，使用该模式并调整图层不透明度时，可以使半透明区域的像素变成点状颗粒，并形成溶解效果。

2.5.3.2　变暗模式

- 变暗，比较两个图层，当前图层较亮的像素会被后面图层较暗的像素替换，如果前面的像素比后面更暗，则保持不变。
- 正片叠底，该图层像素与底层白色混合时保持不变，与黑色混合时被替换，如图 2-5-17 所示。
- 颜色加深，通过对比度加强深色区域，底层白色保持不变。
- 线性加深，通过减小亮度使像素变暗。
- 深色，比较两个图层所有通道值总和并显示值最小的颜色。

图2-5-15　模式列表

2.5.3.3　变亮模式

变亮模式中的各项内容与变暗模式相对应，并产生与之相反的效果。

- 变亮，与变暗效果相反。
- 滤色，与正片叠底效果相反，如图 2-5-18 所示。

图2-5-16　正常模式

图2-5-17　正片叠底模式

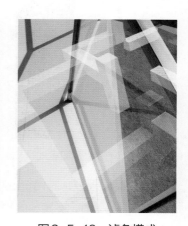

图2-5-18　滤色模式

- 颜色减淡，与颜色加深效果相反。
- 线性减淡，与线性加深效果相反。
- 浅色，与深色效果相反。

2.5.3.4 叠加模式

- 叠加，加强图像颜色，并保持底层图像的高光和阴影，如图2-5-19所示。
- 柔光，当前图层像素比50%灰色亮，则图像变亮；比50%灰度暗，则图像变暗。
- 强光，产生的效果类似于强光打在图像上。
- 亮光，可以使混合后的颜色饱和度提高。
- 线性光，与强光类似，使图像产生更高的对比度。
- 点光，当前像素比50%灰色亮，则替换暗的像素；比50%灰度暗，则替换亮的像素。
- 实色混合，通常会产生色调分离效果。

2.5.3.5 差值与排除模式

- 差值，当前图层的白色区域产生反相效果，灰色区域不对下面图层产生影响，如图2-5-20所示。
- 排除，与差值类似，但对比度更低。
- 减去，可以从目标通道中相应的像素上减去原通道中的像素值。
- 划分，查看通道颜色，并从基色中划分。

2.5.3.6 颜色模式

- 色相，将当前图层的色相映射到底层的图像当中，改变其色相，但不影响饱和度和亮度。
- 饱和度，改变底层图像饱和度，但不影响色相和亮度。
- 颜色，将当前图像色相和饱和度应用到底层图像，但不影响亮度。
- 明度，改变底层图像亮度，但不影响色相和饱和度，如图2-5-21所示。

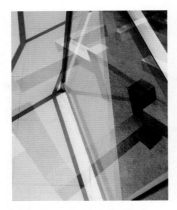  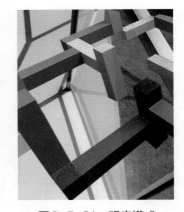

图2-5-19 叠加模式　　　图2-5-20 差值模式　　　图2-5-21 明度模式

在图层面板中，有两个选项可以控制图层的不透明度，一个是不透明度选项 不透明度：100% ▾，用于控制图层中图像显示的不透明度，如果图层中应用了图层样式，也会受其影响；一个是填充选项 填充：100% ▾，用于控制图像中像素和形状的不透明度，但图层样式不会受到影响。

2.5.4　图层样式

图层样式可以为图层添加诸如投影、发光、浮雕、描边等特殊纹理和质感效果，是图层中非常重要的一项功能，可以创造一些特殊的图像效果。

2.5.4.1　添加图层样式

对于图层样式的添加和修改，都是在图层样式对话框中进行的，用户可以先在图层面板中选择需要添加样式效果的图层，然后通过以下几种方式，打开"图层样式"对话框。

- 在图层面板中单击"添加图层样式"按钮 **fx**，会打开如图2-5-22所示列表，在其中可选择所需添加的样式名称，并可打开"图层样式"对话框。
- 在菜单栏"图层">"图层样式"中，选择要添加的样式名称，并打开对话框。
- 在图层缩览图上右击，在弹出的快捷菜单中选择"混合选项"，可打开"图层样式"对话框。
- 双击图层面板的图层缩览图，可打开"图层样式"对话框，如图2-5-23所示。

图2-5-22　样式列表

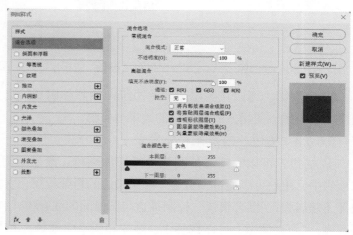

图2-5-23　"图层样式"对话框

在"图层样式"对话框左侧选择所需添加的图层样式，进行勾选，并在右侧的选项中进行设置，单击"确定"，即可完成图层样式的添加。在图层面板中，添加样式后的图层会显示一个图层样式的图标 **fx** 和效果列表，如图2-5-24所示。单击 ▲ 按钮可折叠或展开图层样式效果列表，如图2-5-25所示。

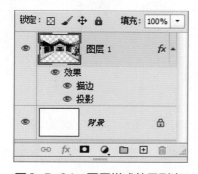

图2-5-24　图层样式效果列表

图2-5-25　折叠效果列表

2.5.4.2　投影和内阴影

① 投影，可以为图层图像添加投影的效果，在"投影"选项当中，用户可以通过"不透明度"指定投影的不透明程度；"角度"控制投影的角度；"距离"控制投影距离的远近；"扩展"和"大小"控制投影的扩展和模糊程度；投影颜色也可以通过色板拾色器进行选择，默认为黑色。如图 2-5-26 所示为未添加图层样式时的效果，图 2-5-27 为添加投影后的效果，图 2-5-28 为投影效果的选项设置情况。

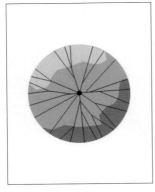
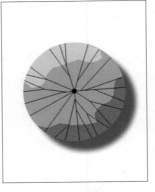
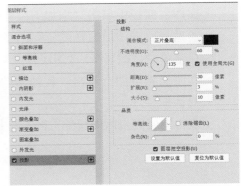

图2-5-26　原图像　　　　图2-5-27　"投影"效果　　　　图2-5-28　"投影"选项设置

② 内阴影，可以在图层图像的边缘内侧添加阴影效果，它的选项设置参数与"投影"选项基本一致，使用方式和产生的效果也类似。

2.5.4.3　描边、内发光和外发光

① 描边，可以为图层的图像边缘添加颜色、渐变或图案的轮廓描绘效果，在"描边"选项当中，用户可以通过"大小"控制描边的粗细效果；"位置"选择描边的位置是在外部、内部还是居中；"混合模式"控制描边与图像间的混合模式；"不透明度"控制描边效果的透明程度；"填充类型"可以在颜色、渐变和图案中选择，并对应各自不同的选项，可分别进行参数设置。如图 2-5-29 所示为添加描边后的效果，图 2-5-30 为描边效果的选项设置情况。

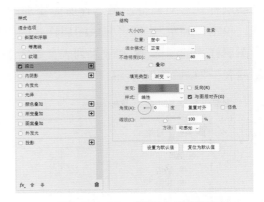

图2-5-29　"描边"效果　　　　图2-5-30　"描边"选项设置

② 内发光，可以沿图层图像的边缘向内创建发光的效果，在"内发光"选项当中，用户可以设置内发光的混合模式、不透明度、颜色以及渐变方式，还可以对内发光的细节和品

质进行调整，如图2-5-31所示为添加内发光后的效果，图2-5-32为内发光的选项设置情况。

③ 外发光，可以沿图层图像的边缘向外创建发光的效果，它的选项设置参数与"内发光"选项一致，如图2-5-33所示为外发光效果。

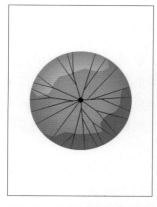

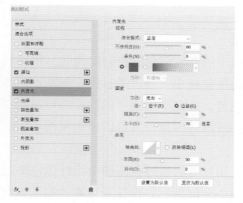

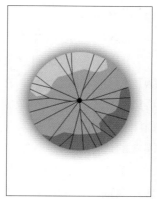

图2-5-31　"内发光"效果　　　　图2-5-32　"内发光"选项设置　　　　图2-5-33　"外发光"效果

2.5.4.4　斜面和浮雕

斜面和浮雕，可以对图层添加高光和阴影的各种组合，呈现出斜面和浮雕的效果，在"斜面和浮雕"选项当中，用户可以通过"样式"在默认的五种类型中进行选择，并可通过方法、深度、大小、软化等设置，对斜面和浮雕的结构进行具体设置；通过角度、高度、光泽等高线等，可以对斜面和浮雕的阴影进行具体设置。除此以外，还可以在等高线和纹理的扩展选项中，对其他内容进行更细化的设置，如图 2-5-34 所示为添加"斜面和浮雕"后的类似按钮的效果，图 2-5-35 为斜面和浮雕的选项设置情况。

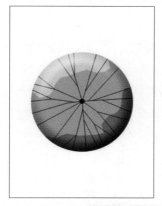

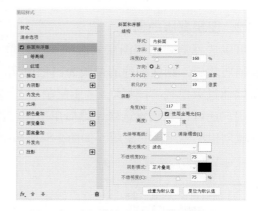

图2-5-34　"斜面和浮雕"效果　　　　图2-5-35　"斜面和浮雕"选项设置

2.5.4.5　颜色叠加、渐变叠加、图案叠加和光泽

颜色叠加、渐变叠加和图案叠加，可以分别在图层上叠加指定的颜色、渐变或图案，并通过设置来控制叠加的效果。

光泽，可以使用光泽的内部阴影，创建类似金属表面的光泽外观，可以通过不同的等高线来控制光泽的效果样式。

2.5.5 图层蒙版

蒙版是进行图像合成的一项重要功能，它可以方便地控制图像的显示范围，同时又不破坏图像的像素，是一种实用且便于修改的非破坏性编辑方式。蒙版分为图层蒙版、快速蒙版、矢量蒙版等。

2.5.5.1 图层蒙版原理

图层蒙版，是通过蒙版中的灰度信息来控制图像的显示区域，也可以用来控制图像的颜色调整和滤镜范围。在图层蒙板中，通过黑、白、灰来控制图像的显示范围，白色区域可以完全显示当前图像的内容，并将下面图层的图像进行遮盖；黑色区域可以完全遮盖当前图像的内容，并显示下面图层的图像；灰色区域则根据不同的灰度值，控制图像间不同层次的透明效果。

基于以上的蒙版特性，用户可以通过在图像中涂抹黑色来遮挡当前图像；涂抹白色来显示当前图层的图像，如图 2-5-36 所示；涂抹灰色来控制图像间的透明效果，也可以在蒙版中填充渐变来控制透明渐变效果，如图 2-5-37 所示。

图2-5-36　黑色或白色控制遮挡或显示

图2-5-37　渐变控制透明显示

2.5.5.2 图层蒙版的创建

用户可以选择需要创建图层蒙版的图层，单击图层面板的"添加图层蒙版"按钮 ▣，即可创建图层蒙版，默认创建的蒙版为白色填充，当前图像会全部显示，如图2-5-38所示。用户也可以通过菜单栏"图层"＞"图层蒙版"，来选择创建默认为黑色"隐藏全部"的图层蒙版。用户还可以先创建选区，然后单击图层面板的"添加图层蒙版"按钮 ▣，为选区以外的区域创建黑色遮挡的蒙版，如图2-5-39所示。

图2-5-38　创建蒙版

图2-5-39　通过选区创建的蒙版

2.5.5.3 图层蒙版的编辑

为图层添加蒙版后，蒙版缩览图周围会出现一个边框，表明目前正处于蒙版编辑状态，此时，用户可以使用画笔、填充、渐变等方式对蒙版进行编辑。对蒙版缩览图右击，会弹出快捷菜单，用户可在其中进行停用蒙版、删除蒙版等操作。

用户可以通过单击缩览图的方式，在蒙版编辑和图像编辑之间切换，如果要编辑图像，可在图像缩览图上单击，即可退出蒙版编辑，进入图像编辑状态。

双击蒙版缩览图，或选择菜单栏"窗口">"属性"，可打开蒙版属性面板，如图2-5-40所示，在面板中，用户可对蒙版的浓度、羽化进行设置，还可以通过蒙版边缘、颜色范围和反相，对"蒙版"进行调整。在面板下方，包含有四个按钮，分别对应"从蒙版中载入选区""应用蒙版、停用/启用蒙版"和"删除"蒙版，用户可以根据需要进行选择。

图2-5-40 "属性"面板

示例2-5-1 使用图层混合模式、蒙版等命令进行图像合成

① 打开三张图像素材，并将其放置到同一个图像文件中，三个图层顺序如图2-5-41所示。

② 使用"快速选择"或其他工具，对"图层1"中的汽车创建选区，如图2-5-42所示（由于后续可以使用画笔等工具进行细节的调整，因此本步骤只创建大概的选区范围即可）。

③ 在图层面板选择"图层2"，然后单击"添加图层蒙版"按钮 ■，为图层2创建图层蒙版，如图2-5-43所示。

图2-5-41 打开图像并新建文件

图2-5-42　创建选区

图2-5-43　添加蒙版

④ 选择图层混合模式为"柔光"，按快捷键B切换至画笔工具，选择合适大小的柔边笔触，将前景色指定为黑色，背景色指定为白色，对蒙版的细节进行涂抹调整。在涂抹调整过程中，可根据需要，按快捷键X切换前景色和背景色，控制图层图像的可见范围。细节调整完成后，双击蒙版，在弹出的蒙版"属性"面板中，将"浓度"设置为80%，如图2-5-44所示，并完成如图2-5-45所示效果（使用画笔工具进行细节调整时，对边缘的处理可结合画笔工具的不透明度和流量控制，达到更好的背景融合效果）。

图2-5-44　设置浓度

图2-5-45　蒙版编辑完成

⑤ 选择"图层1"，单击"添加图层蒙版"按钮 ，为图层1创建空白图层蒙版，之后对图中的卷帘门区域创建选区，如图2-5-46所示。将前景色选择为中灰色，在图层1蒙版中，按下【Alt+Delete】进行前景色填充，完成如图2-5-47所示效果。

图2-5-46　创建选区

图2-5-47　填充并完成蒙版编辑

⑥ 按下Ctrl键的同时，单击图层1的蒙版缩览图，创建蒙版选区。按快捷键G切换至"渐变工具"，在渐变颜色中选择由黑到白，渐变类型选择线性渐变，并沿如图2-5-48所示

方向进行拖动。

⑦ 结束渐变后，案例完成，效果如图2-5-49所示。

图2-5-48 渐变拖动方向

图2-5-49 完成效果

技巧提示：

○ 蒙板最大的好处在于它对原图像没有任何破坏，且非常利于编辑，这会为后续可能出现的图像修改和调整带来极大的便利，也有利于提升修改效率，在园林景观效果图的后期合成和润色过程中会经常使用。

○ 在Photoshop 2023中，无法直接对背景层添加蒙版，用户可以在按住Alt键的同时，双击背景图层，将其转换为普通图层后即可添加。

2.5.6 填充图层和调整图层

填充图层，是指向图层中填充纯色、渐变或图案，用户可以为它们设置不同的混合模式和不透明度，从而生成各种所需效果；调整图层，可以对图层中的图像执行颜色和色调的调整，但又不影响原有图像的像素，保证图像的完整性。通过单击图层面板的"创建新的填充或调整图层"按钮 ，可弹出如图2-5-50所示的菜单，用户可在菜单中选择添加填充图层或调整图层。

2.5.6.1 填充图层

填充图层包括纯色、渐变和图案，用户可以通过图层面板的"创建新的填充或调整图层"按钮 ，或选择菜单栏"图层">"新建填充图层"来进行填充图层的创建。

创建完成后，图层面板会出现所创建的不同类型填充图层的缩览图和名称，如图2-5-51所示，用户可以随时对所需编辑的填充图层缩览图进行双击，即可打开相关的对话窗口，在窗口中可以方便地对所填充类型的选项参数进行调整和修改。也可以在其后面的蒙版中，对填充图层的显示区域进行控制。填充图层与图层混合模式以及不透明度选项之间相互配合，可完成多种不同风

图2-5-50 创建菜单

格的图像合成效果。

图2-5-51　不同类型的填充图层

示例2-5-2 使用填充图层进行图像合成

① 打开图像，将蓝色天空区域创建为选区，如图2-5-52所示。

② 按下【Shift+Ctrl+I】进行反向选择，单击图层面板的"创建新的填充或调整图层"按钮 ，选择"图案"，在弹出的"图案填充"对话框中，选择具有明显肌理的图案，单击确定，完成如图2-5-53所示。

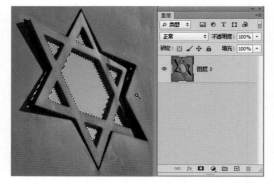

图2-5-52　创建选区

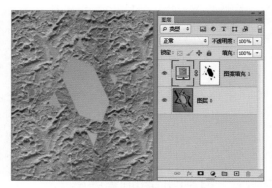

图2-5-53　创建图案填充图层

③ 将创建的图案填充图层混合模式改为"柔光"，然后按住Ctrl键的同时单击图层蒙版，创建如图2-5-54所示的选区。

④ 单击图层面板的"创建新的填充或调整图层"按钮 ，选择"渐变"，在弹出的"渐变填充"对话框中，选择预设的"红绿渐变"，样式为"角度"，并将"反向"勾选，确定并退出。之后，将图层混合模式改为"正片叠底"，不透明度设置为50%，完成如图2-5-55所示效果。

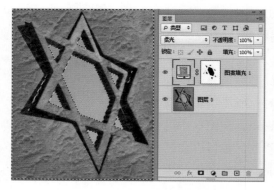

图2-5-54　创建选区

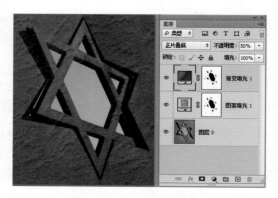

图2-5-55　完成效果

2.5.6.2 调整图层

对图像颜色和色调的调整可以通过菜单栏"图像">"调整"来进行，但这种方式的调整是通过改变图像的像素进行的，对图像来说属于破坏性编辑。而"调整图层"命令，同样可以通过新建调整图层的方式实现对图像颜色的调整，却不会对原有图像有任何破坏。因此，这种方式更具优势，并更便于后续的修改。

用户可以通过单击图层面板的"创建新的填充或调整图层"按钮 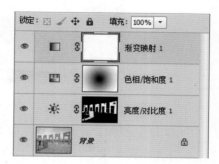，在弹出的菜单中选择要创建的调整图层类型，之后，在出现的相关对话窗口中进行选项设置，即可实现对图像的颜色调整。用户也可以通过菜单栏"图层">"新建调整图层"，或通过"窗口">"调整"，打开"调整"面板，来创建不同类型的调整图层，创建后的图层缩览图如图2-5-56所示。当需要对创建的调整图层进行修改时，对其缩览图双击即可。

图2-5-56 调整图层缩览图

通过调整图层对图像进行的调整命令，与通过菜单栏"图像">"调整"中的内容基本保持一致，选项的设置和使用方法也完全一样。默认情况下，创建的调整图层内容会对其下面的所有图层产生影响，如果把图层移动至调整图层上方，则会取消对该图层的影响。

示例2-5-3　使用调整图层进行图像颜色调整

① 打开两张图像素材，并初步完成合成，如图2-5-57所示。

② 单击图层面板的"创建新的填充或调整图层"按钮 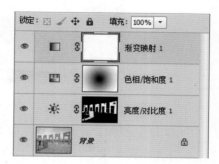，在弹出的菜单中选择"色相 / 饱和度"，随后，在出现的"属性"面板中，将饱和度设置为－100，明度设置为－20，并将面板中的"此调整影响下面的所有图层（单击可剪切到图层）"按钮按下 ，让其只对下面的一个图层起作用，如图2-5-58所示。

图2-5-57　打开图像

图2-5-58　添加调整图层

③ 选择"图层0"，将部分墙体创建选区，单击图层面板的"创建新的填充或调整图层"按钮 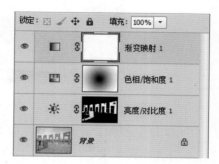，在弹出的菜单中选择"渐变映射"，随后，在出现的"属性"面板中，单击

渐变色条，打开"渐变编辑器"，并指定渐变方式为默认预设中的"紫橙渐变"。最后，在图层面板修改图层混合模式为"颜色"，不透明度设置为80%，完成效果如图2-5-59所示。

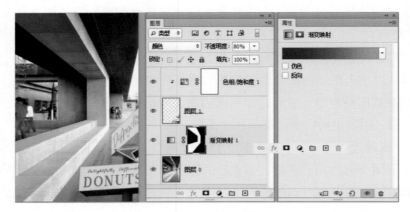

图2-5-59　完成效果

④ 以上步骤，使用调整图层完成了图像的颜色调整，但从图层缩览图当中能发现，图像本身其实并未发生任何变化，这就为可能出现的后续修改提供了更大的便捷。

> **技巧提示：**
>
> ○ 在使用填充图层和调整图层时，如果图像中有选区，则会对应到图层蒙版中，填充或调整图层的内容只会影响选中的图像区域；如果图像中没有选区，则会影响该图层的所有图像区域。
>
> ○ 填充图层和调整图层都可以通过双击缩览图的方式，随时进行选项修改，非常方便。当不需要这些图层时，也可以按照与普通图层同样的方式进行删除。

2.6　文字、矢量工具、滤镜及其他

在图像合成过程中，文字可以起到传递信息、强化主题的作用；钢笔和形状等矢量图工具可以绘制各种不同类型的图形对象，丰富版面；滤镜则可以根据需要，互相组合并制作丰富的图像特效。除此之外，动作、批处理等命令也可以为图像的制作带来效率的提升。

2.6.1　文字

Photoshop 2023 提供了多种创建文字的方式，而编辑方法也非常灵活，用户可以在工具箱中选择文字工具组，包括横排文字工具 T、直排文字工具 ↓T、横排文字蒙版工具 █ 和直排文字蒙版工具 ↓█。在进行文字输入前，需要在文字工具选项栏中进行选项设置，如图 2-6-1 所示，各选项主要内容包括：

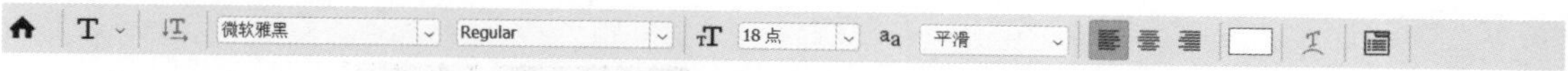

图2-6-1　文字工具选项栏

（1）切换文本取向

单击工具选项栏中的切换文本取向按钮 ，可以在横排文字和直排文字间切换。

（2）搜索和选择字体

在搜索和选择字体选项中 宋体 ，可以在出现的下拉列表中选择所需要的字体。

（3）设置字体样式

设置字体样式选项 Regular ，用户设置字体的规则、斜体、粗体等样式，但此选项只对部分英文字体有效。

（4）设置字体大小

通过设置字体大小选项 60点 ，用户可以选择或输入数值来控制文字的大小。

（5）设置消除锯齿的方法

在该选项中 锐利 ，用户可以在无、锐利、犀利、浑厚和平滑中，选择所需方式，来控制文字边缘消除锯齿的平滑方式。

（6）设置对齐方式

三个对齐按钮 ，分别对应左对齐文本、居中对齐文本和右对齐文本。

（7）设置文本颜色

通过单击该按钮 ，可在弹出的拾色器对话框中，选择输入文字的颜色。

（8）创建文字变形

单击文字变形按钮 ，会打开变形文字对话框，可用于设置文字的变形样式。

（9）切换字符和段落面板

可通过单击该按钮 ，打开字符和段落面板，用于设置更多的字符和段落的格式选项。

2.6.1.1　创建和编辑点文字

在输入标题或较少的文字时，可以使用创建点文字的方式。用户可在工具箱中选择，横排文字工具 或直排文字工具 ，或按快捷键【Shift+T】进行切换。之后，在工具选项栏中设置好字体、字号、颜色等相关选项，并在图像需要输入文字的位置进行单击，单击的位置会出现闪烁的"I"符号，此时即可进行文字输入，如图2-6-2所示。文字输入过程中，如果需要换行可按下回车键，文字输入结束后，可按下工具选项栏中的确认按钮 ，或按快捷键【Ctrl+Enter】，或直接按下小键盘中的Enter键，来确认输入的文字并退出编辑。文字创建完成后，图层面板会自动添加此文字图层，用户可以在图像中的其他位置单击，继续创建新的点文字。

当需要对输入的点文字进行编辑时，首先切换至横排文字工具 或直排文字工具 ，在需要编辑的文字位置单击放置插入点，此时输入文字可进行文字添加，单击并拖动鼠标可选择文字，之后即可在工具选项栏中，进行字体、字号、颜色等属性的编辑和修改，如图2-6-3所示。

图2-6-2　输入点文字　　　　　　　　　　图2-6-3　选取并编辑点文字

2.6.1.2　创建和编辑段落文字

段落文字是在文字定界框内进行输入，具有文本可自动换行和文字区域大小可调等优势，可在需要输入大段的文字信息时使用。用户在选择横排文字工具 **T** 或直排文字工具 ↓**T** 后，在需要的位置单击并拖动形成定界框，松开鼠标后，定界框中会出现闪烁的"I"符号，此时即可进行文字输入，如图2-6-4所示。段落文字输入完成后的编辑操作与点文字相同，需要编辑时，单击并拖动选择文字，然后即可进行修改编辑，如图2-6-5所示。将鼠标放置到文字界定框的角点和边界时，会出现类似 ↗、↷ 等符号，此时可单击并拖动鼠标，进行大小、形状和旋转、斜切等操作，其中的文字格式也会做出相应的变化，如图2-6-6和图2-6-7所示。

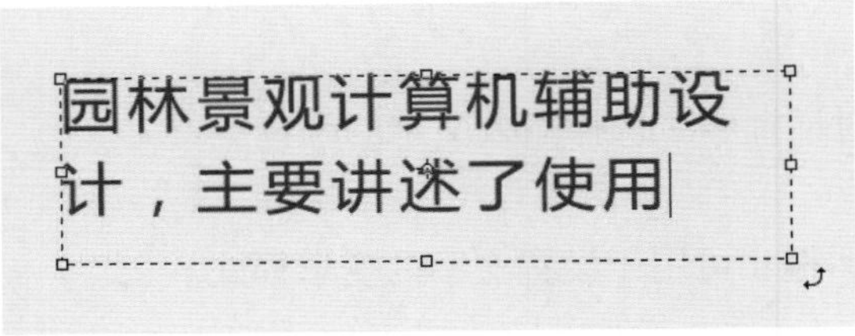

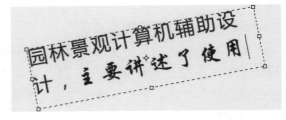

图2-6-4　输入段落文字 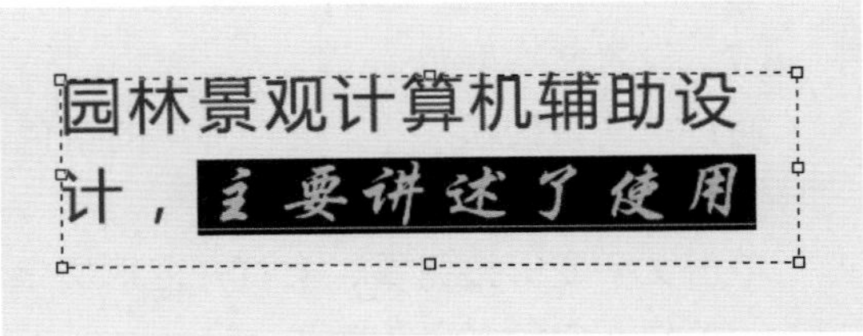　　　　　　　　　图2-6-5　编辑段落文字

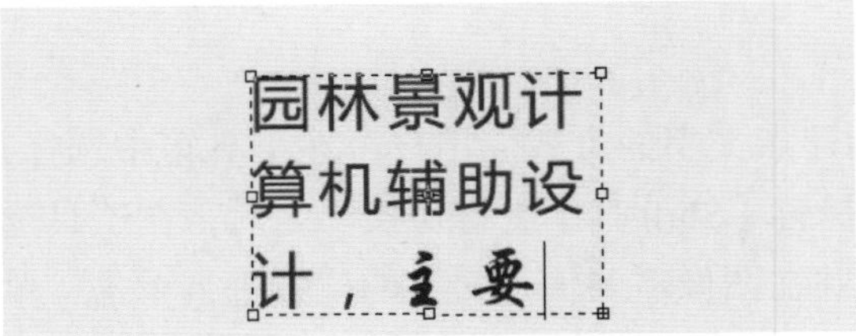

图2-6-6　修改定界框大小形状　　　　　　图2-6-7　旋转定界框

2.6.1.3　创建变形文字

当文字创建完成后，可在图层面板中选择该文字图层，执行菜单栏"文字">"文字变形"，或在图像中的文字区域单击并拖动选择需要变形的文字，然后单击工具选项栏中的"创建文字变形"按钮 ，会打开文字变形对话框，在其中提供了15种默认的变形样式，并可分别进行参数调整，来完成不同类型的变形效果，如图2-6-8和图2-6-9所示。

2.6.1.4　创建文字状选区

横排文字蒙版工具 和直排文字蒙版工具 ↓ ，可用于创建文字状选区，使用方法和

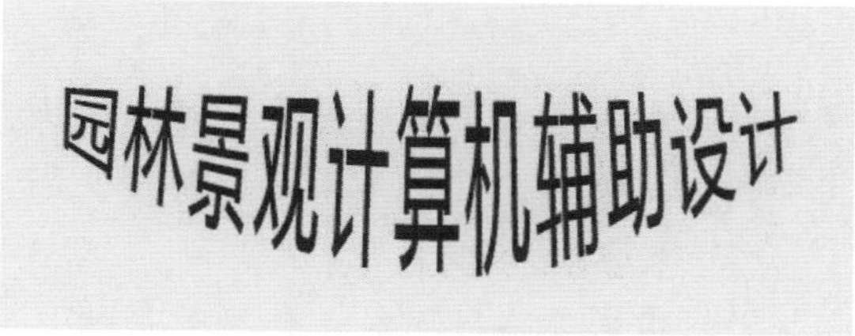
园林景观计算机辅助设计

图2-6-8　变形样式“旗帜”

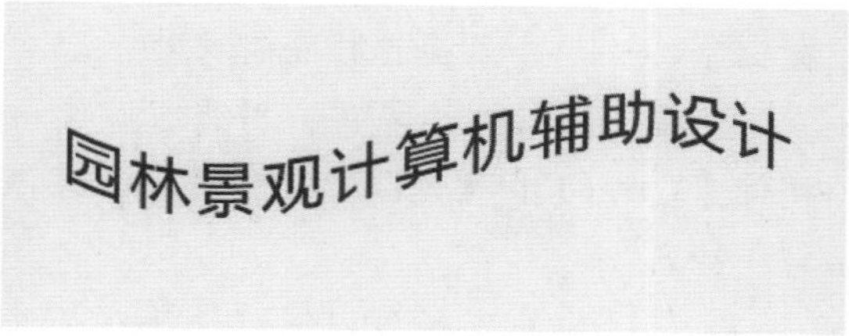
园林景观计算机辅助设计

图2-6-9　变形样式“下弧”

普通文字创建方法相同，但输入完成并确认后，会自动创建文字状选区，如图2-6-10所示，文字状选区可像其他选区一样进行移动、复制、填充、渐变、描边等操作，如图2-6-11所示为添加渐变后的效果。

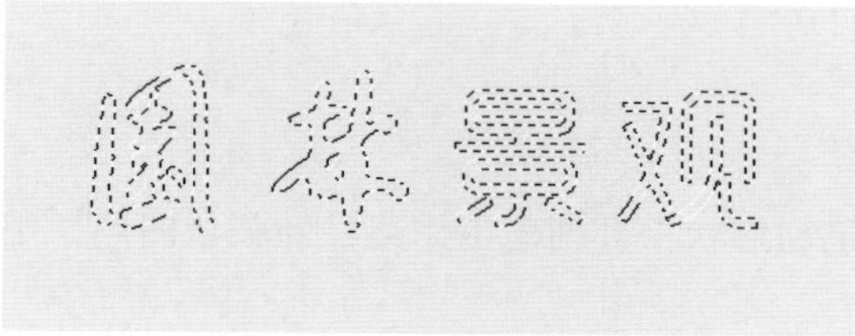

图2-6-10　创建文字状选区

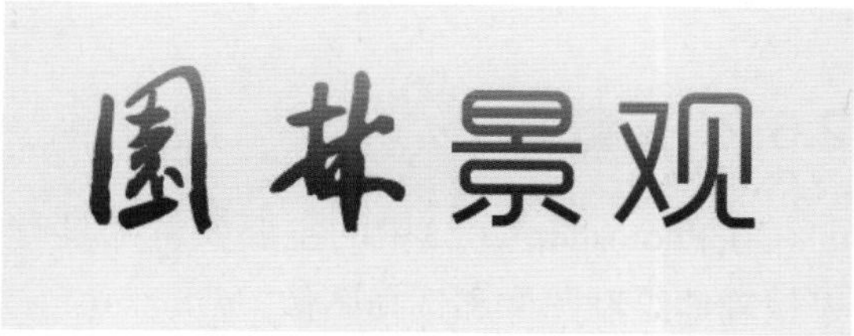
园林景观

图2-6-11　对文字状选区进行渐变填充

2.6.1.5　设置文字格式

对文字格式的设置和修改，一部分可以通过文字工具选项栏进行，例如字体、字号、颜色等，更多的选项内容可通过菜单栏“窗口”>“字符”，或单击工具选项栏的“切换字符和段落面板”按钮，打开“字符”面板，如图2-6-12所示。

在“字符”面板中，除了可以对文字的字体、字号、颜色进行设置外，还可以对文字的行距、字符间距、字符比例间距、垂直缩放、水平缩放、基线偏移等进行调整，并可设置文字的字体样式，包括仿粗体、仿斜体、上标、下标、下划线、删除线，英文字体的大小写等进行设置。

另外，对于大段的文字，用户还可以通过菜单栏“窗口”>“段落”，打开“段落”面板，在其中对段落文本的对齐方式、缩进、间距组合方式等进行选项设置。

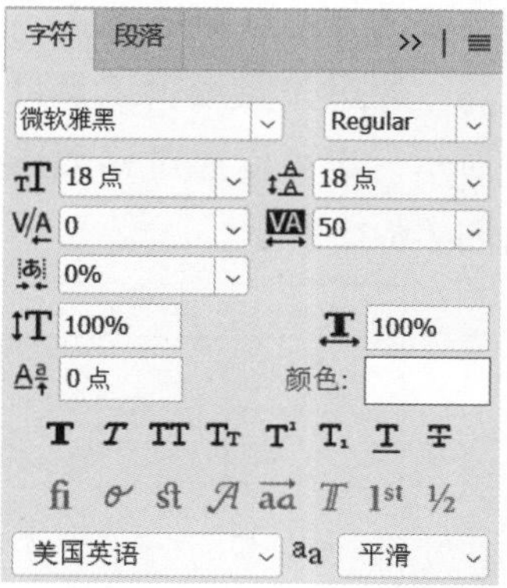
字符
段落
微软雅黑
Regular
18 点
18 点
0
50
0%
100%
100%
0 点
颜色:
美国英语
平滑

图2-6-12　“字符”面板

技巧提示：

○ 在软件和系统中，内置了多种中英文字体，如果需要，用户还可以在相关网站中选择并下载更多的字体文件，并将其拷贝至系统字体文件夹内即可，系统的默认字体文件位于C:\Windows\Fonts文件夹下。

○ 对已经创建的文字内容进行选取时，可以使用单击并框选的方式，也可以在文字区域双击选择相邻文字，三击选择该行所有文字，四击选择该段落所有文字，按快捷键【Ctrl+A】则会选择全部文字。

  ○对已经创建的文字，用户除了使用常规文字工具对其进行编辑外，还可以按快捷键【Ctrl+T】对其进行自由变换，可以以定界框的方式对文字进行缩放、旋转、翻转等操作。

  ○创建后的文字可以通过菜单栏"文字">"创建工作路径"或"转换为形状"，将文字转换为路径或形状图层。

  ○在图像中创建文字后，会自动建立文字图层，当有些命令和效果无法作用于文字图层时，则需要将文字图层进行栅格化，将其转变为普通图层，可通过菜单栏"文字">"栅格化文字图层"来进行，删格化后的文字图层将不能再使用文字工具对其进行编辑。

2.6.2 矢量工具

  在Photoshop 2023中的主要矢量工具有钢笔和形状，可创建工作路径和矢量图层，用于精确地绘制图像和选择图像。

2.6.2.1 路径

  路径是可以转换为选区或使用颜色填充和描边的轮廓，路径可以是闭合的，也可以是开放的。控制路径段当中的关键点被称为锚点，锚点的两端既可以连接直线，也可以连接曲线，连接直线的锚点叫做角点，连接曲线的锚点叫做平滑点，如图2-6-13所示的实心或空心的方形点即是锚点。

  通过矢量编辑工具可以对锚点进行移动，既可以改变路径的位置和形状，如图2-6-14所示，也可以通过移动连接曲线路径的一条或两条方向线，来改变曲线的方向和位置，如图2-6-15所示。

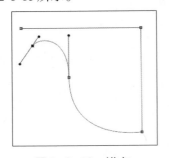 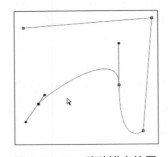 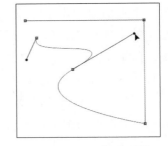

图2-6-13 锚点   图2-6-14 移动锚点位置   图2-6-15 移动方向线

2.6.2.2 钢笔工具

  使用钢笔工具可以绘制精确的矢量图形，也可以通过将绘制的路径转为选区来选取对象。用户可以通过单击工具箱中的钢笔工具 ✐，或按快捷键P来执行，之后可在画面中单击指定第一个锚点位置，并继续通过单击或单击并拖动，来指定其他锚点位置，并最终绘制完成。钢笔工具选项栏如图2-6-16所示。

图2-6-16　钢笔工具选项栏

用户可在钢笔工具选项栏中，选择"工具模式"，并可将绘制的路径建立为选区、蒙版或形状，还可以对路径操作、路径对齐方式、排列方式等进行选项设置。

示例2-6-1　使用钢笔工具创建箭头路径

① 打开"箭头"图像素材，为便于绘制，更改图像不透明度为10%，如图2-6-17所示。

② 按快捷键P执行钢笔工具命令，在工具选项栏选择工具模式为"路径" 路径 ，在图像箭头右侧端点位置单击，创建第一个锚点，松开鼠标在第二点单击，创建第二个锚点，及第三、第四个锚点，完成部分直线路径，如图2-6-18所示。

③ 在如图2-6-19所示位置，单击并向下拖动创建一个平滑点，拖动过程中可以调整方向线的方向和长度，会对下一个平滑点产生影响。

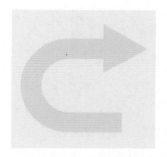
图2-6-17　打开图像

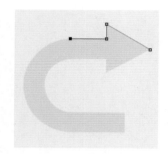
图2-6-18　创建直线路径

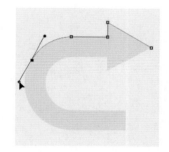
图2-6-19　创建平滑点

④ 继续沿图像单击并拖动，创建其他平滑点，如图2-6-20所示。在创建过程中，如果发现之前绘制的平滑点方向线出现偏差，可按下Ctrl键，当鼠标显示变为 时，可对之前的角点、平滑点进行移动，也可对方向线的曲度进行调整。

⑤ 继续沿图像创建角点及平滑点，并结合Ctrl键随时进行曲线调整，最后，将鼠标移动至最初的起点锚点位置时，光标会变为 ，如图2-6-21所示。

⑥ 在起点处单击，即可实现路径的闭合，完成效果如图2-6-22所示。

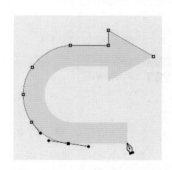
图2-6-20　继续创建平滑点

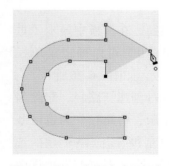
图2-6-21　光标移动至起点

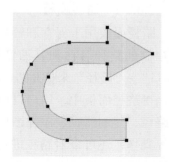
图2-6-22　完成效果

2.6.2.3 编辑路径

在使用钢笔工具绘制路径过程中，经常需要在绘制完成后对路径进行精确修改或编辑，使用 Photoshop 2023 提供的工具，可对锚点和路径进行有效编辑，这些工具包括：

（1）路径选择工具

用户可以在工具箱中选择路径选择工具 ▶，使用该工具在路径上单击，即可将其选中，此时路径中的锚点显示为实心方块。可以通过拖动的方式移动路径的位置，还可以按住 Alt 键拖动进行路径复制，按住 Ctrl 键后对路径单击，可切换为直接选择工具 ▶。

（2）直接选择工具

用户可以在工具箱中选择直接选择工具 ▶，单击路径可将其选中，此时路径中的锚点显示为空心方块，如图2-6-23所示。在路径中任意位置拖动鼠标，即可移动当前一段路径的位置，如图2-6-24所示。用户还可以单击某一锚点，将其选中，选中的锚点会变成实心方块，可以移动其位置，也可以控制其方向线的方向和长度，从而改变路径的形状，如图2-6-25所示。

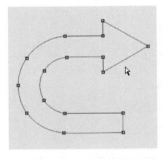
图2-6-23　直接选择工具

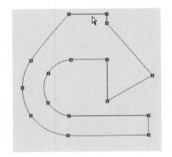
图2-6-24　移动某一段路径位置

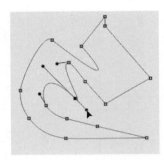
图2-6-25　移动锚点和方向线

（3）添加锚点和删除锚点

在工具箱中选择添加锚点工具 ✎，在路径上进行单击，即可添加一个锚点，单击并拖动，即可添加一个平滑点。选择删除锚点工具 ✎，在已经创建的锚点上单击，即可删除这个锚点。

（4）转换点工具

转换点工具 ▶，用于转换锚点的类型，可在角点和平滑点间进行转换。

2.6.2.4 路径面板

路径面板用于保存和管理路径，在面板中显示了每条存储的路径名称和其缩览图，用户可以通过菜单栏"窗口">"路径"来打开路径面板，如图2-6-26所示。

在路径面板中，用户可以执行创建新路径、删除当前路径、复制路径、添加图层蒙版、将路径作为选区载入等操作，还可以对路径进行填充和描边、将创建的选区转变成工作路径等。用户可根据需要对这些选项进行设置和使用。

图2-6-26　路径面板

2.6.2.5 形状工具

在Photoshop 2023中，形状工具有矩形工具、圆角矩形工具、椭圆工具、多边形工具、直线工具和自定形状工具，用户可在工具箱中的形状工具组中选择使用，如图2-6-27所示。选择不同的形状工具都会对应不同的工具选项栏，在选项栏中可对工具进行参数选项的设置和调整。

在自定形状工具选项栏中，可以对软件预设的形状进行选择并添加，单击 形状: 按钮，可打开如图2-6-28所示的默认形状列表，用户还可以在更多选项设置中打开全部预设形状，如图2-6-29所示。

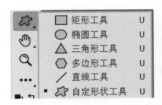

图2-6-27　形状工具组

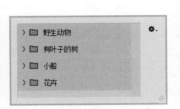

图2-6-28　默认预设形状

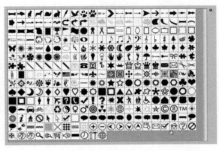

图2-6-29　全部预设形状

技巧提示:

○ 路径是矢量对象，不包含任何像素，没有经过填充或描边的路径，在打印时不会显示出来。

○ 在使用钢笔工具绘制直线路径时，可以按住Shift键，即可绘制水平路径、垂直路径和45°角的直线路径。

○ 路径和选区，可以通过"路径"面板中的选项操作进行互相转换，这一特征在实际图像处理时非常实用。

2.6.3　滤镜

滤镜，是Photoshop 2023中进行图像特效制作与合成的重要工具，通过各种滤镜的叠加和组合，可以实现各种意想不到的特殊效果，还能够模拟素描、水彩、油画等绘画效果。滤镜分为内置滤镜和外置滤镜，内置滤镜是Photoshop 2023安装时内置的，用户在菜单栏"滤镜"下可以找到，外置滤镜是其他厂商开发的，需要安装到软件中才可以使用。

2.6.3.1 滤镜的使用规则

在使用Photoshop 2023中的滤镜时，需要注意下面几点规则和技巧：

· 所有滤镜均可以在菜单栏"滤镜"下进行选择和执行，也可以使用滤镜名称文字后面的快捷键进行操作，如"液化"的快捷键为【Shift+Ctrl+X】。

· 如果图像中有选区，进行滤镜处理时只应用于选区；如果没有，则应用于该图层所有图像中。

· 开滤镜库或相应的对话框，在其中的选项设置中进行滑块拖动或输入数值来改变参数，通常也会有预览的效果。

2.6.3.2　滤镜库

滤镜库是一个整合了多种滤镜效果的对话框集合，用户可以在其中进行多种滤镜选项参数的调整，并可方便地预览应用后的效果情况，如图2-6-30所示。

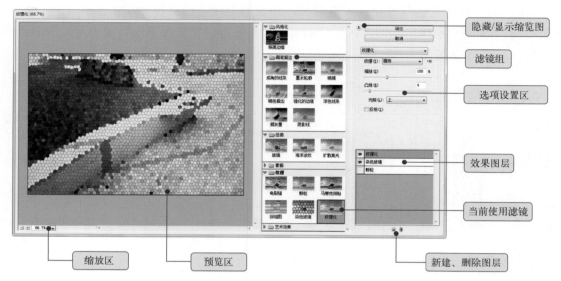

图2-6-30　"滤镜库"对话框

在"滤镜库"对话框中，用户可以对风格化、画笔描边、扭曲、素描、纹理、艺术效果等多种滤镜类型的多个滤镜进行参数设置，并可通过新建效果图层，将多种滤镜进行叠加显示，方便地制作多种丰富特效。

2.6.3.3　"风格化"滤镜组

"风格化"滤镜组共包括9种，分别是查找边缘、等高线、风、浮雕效果、扩散、拼贴、曝光过度、凸出、油画，可在菜单栏"滤镜">"风格化"中进行选择使用，并根据需要调整选项参数，实现不同的风格化特效，如图2-6-31所示为默认图片，图2-6-32为使用滤镜浮雕后的效果。

图2-6-31　原图像

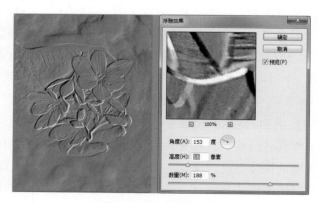

图2-6-32　浮雕效果

2.6.3.4 "模糊"滤镜组

"模糊"滤镜组共11种，有表面模糊、动感模糊、高斯模糊、镜头模糊、特殊模糊等，可在菜单栏"滤镜">"模糊"中进行选择使用，如图2-6-33所示为动感模糊的效果。

2.6.3.5 "扭曲"滤镜组

"扭曲"滤镜组共9种，有波浪、波纹、极坐标、挤压、球面化、水波等，可在菜单栏"滤镜">"扭曲"中进行选择使用，如图2-6-34所示为波浪的效果。

图2-6-33 动感模糊效果

图2-6-34 波浪效果

2.6.3.6 "锐化"滤镜组

"锐化"滤镜组共5种，分别是USM锐化、进一步锐化、锐化、锐化边缘、智能锐化，可在菜单栏"滤镜">"锐化"中进行选择使用。

2.6.3.7 "像素化"滤镜组

"像素化"滤镜组共包括7种，分别是彩块化、彩色半调、点状化、晶格化、马赛克、碎片、铜版雕刻，可在菜单栏"滤镜">"像素化"中进行选择使用，并根据需要调整选项参数，实现不同的像素化特效，如图2-6-35所示为马赛克效果。

2.6.3.8 "渲染"滤镜组

"渲染"滤镜组共8种，分别是分层云彩、光照效果、镜头光晕、纤维、云彩、火焰、图片框等，可在菜单栏"滤镜">"渲染"中进行选择使用，如图2-6-36所示为光照效果。

图2-6-35 马赛克效果

图2-6-36 光照效果

2.6.3.9 "杂色"滤镜组

"杂色"滤镜组共5种，分别是减少杂色、蒙尘与划痕、去斑、添加杂色、中间值，可在菜单栏"滤镜">"杂色"中进行选择使用，如图2-6-37所示为添加杂色效果。

2.6.3.10 其他滤镜

在菜单栏"滤镜"下，还有一些滤镜被单独列出，如自适应广角、镜头矫正、液化、消失点等，用户可根据需要在其打开的对话框中进行选项参数设置，完成所需效果，如图2-6-38所示为油画效果。

图2-6-37　添加杂色效果　　　　　　　图2-6-38　油画效果

技巧提示：

○ 在使用滤镜前，可对需要创建滤镜效果的选区进行羽化处理，即可创建具有柔和边界的滤镜效果，减少选区滤镜效果的突兀感。

○ 按快捷键【Ctrl+F】可重复执行上一次的滤镜，但不会弹出选项对话框，无法进行参数设置；如果需要设置，则需按【Ctrl+Alt+F】键。

○ 在使用滤镜的过程中，如果需要取消操作，按下快捷键Esc即可。

○ 外挂滤镜的安装方式与普通软件类似，但需要安装或拷贝在Photoshop的Plug-in目录下，然后重新启动软件即可使用。

2.6.4 动作与批处理

动作与批处理，是Photoshop 2023中提高工作效率的重要功能，用户可以将图像的处理过程用动作面板记录下来，并快速应用到其他需要进行同样处理的图像上，可大大节省图像处理的时间，提高工作效率。

2.6.4.1 动作面板

动作面板用于创建、修改、播放和删除动作，用户可以通过菜单栏"窗口">"动作"，或快捷键【Alt+F9】来打开动作面板，如图2-6-39所示。

图2-6-39　动作面板

在动作面板中，用户可以进行创建新动作、创建新组、播放选定的动作、开始录制、停止播放 / 记录和删除等操作，并将记录的动作应用到所需的图像当中。

示例2-6-2 使用"动作"命令，对多张图像进行添加文字、调整饱和度等操作

① 打开所需处理的多张图像，按下【Alt+F9】打开动作面板，单击其中的"创建新动作"按钮 ⊞，在弹出的"新建动作"对话框中保持默认，按"记录"按钮。此时，动作面板中的"开始记录"按钮为红色并保持在按下状态 ●，如图2-6-40所示。

② 此时，动作面板开始进行命令记录，按下快捷键T，在图像底部位置框选设置定界框，选择合适的字体、字号，设置文字颜色为白色，居中对齐，进行文字输入，并设置图层样式为黑色1像素描边。之后，选择背景图层，按快捷键【Ctrl+U】，在弹出的色相 / 饱和度对话框中，将饱和度调整为−60。然后，按下【Shift+Ctrl+S】，在打开的"另存为"对话框中对其进行保存，最后，按下动作面板中的"停止播放 / 记录"按钮 ■，结束动作录制，如图2-6-41所示。

图2-6-40 创建新动作

图2-6-41 添加动作记录

③ 通过图像选项卡，切换到其他图像，在动作面板中选择之前记录的"动作1"，然后单击"播放选定的动作"按钮，即可对当前图像执行"动作1"中记录的操作步骤，完成如图2-6-42所示效果。

④ 同样的方式，可对其他图像执行动作1，并完成多张图像的添加文字、调整饱和度操作，如图2-6-43所示。

图2-6-42 播放动作

图2-6-43 完成其他图像动作播放

2.6.4.2 批处理

批处理可以将记录的动作应用于所有选定的目标图像，通过此命令可以完成大量相同的、重复性的命令操作，有效地提高图像处理速度。使用时，要将所有需要批处理的图像单独保存至一个文件夹中，然后进行动作记录。记录完成后，执行菜单栏"文件" > "自动" > "批处理"，在弹出的"批处理"对话框中进行设置，并完成操作。

示例2-6-3 使用"批处理"命令，对大量图像进行批处理操作

① 将所有需要批处理的图像放到文件夹"1"中，并新建文件夹"2"，用于放置批处理完成后的图像，借用示例2-6-2所记录的"动作1"，执行菜单栏"文件" > "自动" > "批处理"，打开"批处理"对话框，如图2-6-44所示。

② 在"批处理"对话框的"动作"下拉列表中，选择所需执行的"动作1"，在"源"下拉列表中，选择"文件夹"，然后单击"选择"按钮 选择(C)... ，在弹出的对话框中指定文件夹"1"。然后在"目标"下拉列表中，选择"文件夹"，单击"选择"按钮 选择(C)... ，指定文件夹"2"，同时将"覆盖动作中的存储为命令"进行勾选，如图2-6-45所示。之后单击确定，Photoshop 2023会自动开始进行批处理操作。

图2-6-44 "批处理"对话框

图2-6-45 选项设置

③ 在Photoshop 2023自动处理完成后，可在文件夹"2"中看到所有批处理完成后的图像，如图2-6-46所示。

01.jpg　02.jpg　03.jpg　04.jpg　05.jpg　06.jpg　07.jpg
08.jpg　09.jpg　10.jpg　11.jpg　12.jpg　13.jpg

图2-6-46 "批处理"完成

2.7 Photoshop园林景观应用案例

在园林景观专业中，Photoshop主要用于制作设计方案的彩色平面图、立面或剖面图、分析图，效果图的后期处理，以及设计文本和展板的排版设计等。Photoshop强大的色彩美化和图像合成功能，为园林景观专业图纸的效果提升起到至关重要的作用。

本案例以本书第1章AutoCAD中绘制的特色跌水景墙为基础，将其导入Photoshop 2023中进行颜色处理，完成跌水景墙的彩色平面图和立面图，如图2-7-1所示。通过本案例，用户可以对Photoshop 2023中的各项核心工具和命令的使用更加熟悉，并初步掌握园林景观设计彩色平面图和立面图的制作步骤。

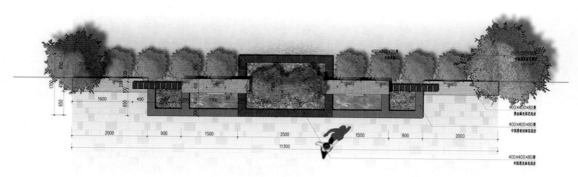

跌水景墙平面图

跌水景墙立面图

图2-7-1 跌水景墙彩色平面图、立面图完成效果

2.7.1 制作前的各项准备

在使用Photoshop 2023进行跌水景墙彩色平面图和立面图的制作前，需要进行多项的准备工作，包括AutoCAD中的图纸整理、虚拟打印、园林景观素材的准备等。

2.7.1.1 AutoCAD中的图纸整理

在完成跌水景墙的CAD图纸绘制后，需要进行适当的整理，以方便下一步的彩色平面图制作，这些整理包括对部分不需要的线及填充的删除、图层的合理归类等。在本案例中，需要对草地、植物、水体的轮廓线和填充进行隐藏或删除，将不需要的图名、比例及符号标注进行隐藏或删除，并对图纸细节进行补充完善。

2.7.1.2 AutoCAD虚拟打印

为方便Photoshop的彩色平面、立面图制作，将图纸中的方案结构线和尺寸、文字标注线分别进行虚拟打印，完成如图2-7-2所示的方案结构图和如图2-7-3所示的文字标注图，虚拟打印的具体设置和操作方法，可参考本书第1章1.7.4中的内容。虚拟打印为BMP格式或PDF格式的图像文件均可。

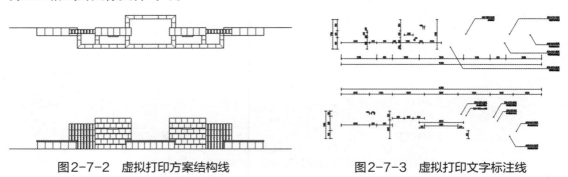

图2-7-2　虚拟打印方案结构线　　　　图2-7-3　虚拟打印文字标注线

2.7.1.3 园林景观素材准备

素材的收集和整理，是进行Photoshop彩色图纸制作的一个不可或缺的环节，它直接影响着图纸制作的效果，并提升制作效率。在本案例中，使用了如图2-7-4中所示的园林景观素材。

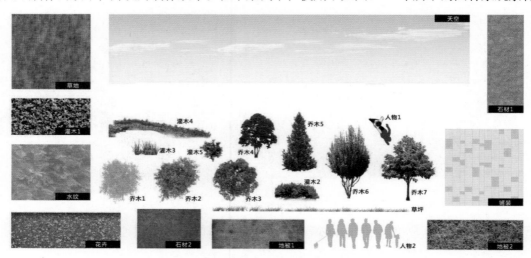

图2-7-4　本案例使用到的园林景观素材

2.7.2 制作跌水景墙彩色平面图

① 打开Photoshop 2023，按快捷键【Ctrl+O】，在窗口中选择AutoCAD中虚拟打印的

PDF文件"方案结构图"和"文字标注图"，在弹出的"导入PDF"中进行设置并确定，如图2-7-5所示。软件会自动生成两张只有线条的透明图像，如图2-7-6所示。

图2-7-5 导入PDF

图2-7-6 生成透明图像

② 在"文字标注图"文件中，按快捷键V切换至移动工具，按住Shift的同时拖动图中的线条至"方案结构图"文件中，使文件中的两个线条图层对齐，然后，在"方案结构图"文件中，新建图层，命名为"白色背景"，并将其放至最底层，将背景色指定为白色，按下【Ctrl+Delete】，填充白色背景。将默认的图层1改名为"结构线"，默认图层2改名为"标注线"，如图2-7-7所示。

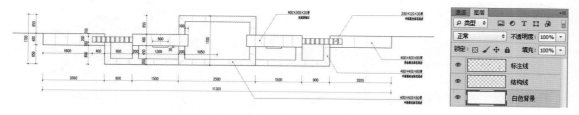

图2-7-7 合并文件并填充白色背景

③ 为保证制图过程中视线不受干扰，可单击"标注线"图层左侧眼睛图标，使该图层暂时不可见。同时，为方便图层管理，可新建2个图层组，分别命名为"景墙花坛"和"植物"。打开素材文件，使用矩形选框工具选取其中素材"石材1"的局部，如图2-7-8所示，并拖动至"方案结构图"文件中，如图2-7-9所示，将该图层拖入"景墙花坛"组内，更名为"黄锈石"，如图2-7-10所示。

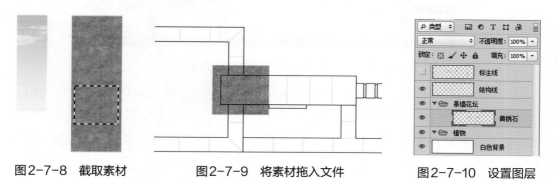

图2-7-8 截取素材　　图2-7-9 将素材拖入文件　　图2-7-10 设置图层

④ 按住Ctrl键单击"黄锈石"图层，创建选区，按V切换至移动工具，按住Alt键对选区内的素材进行拖动复制，并将所有黄锈石部分覆盖。按快捷键M切换至矩形选框工具，通过按Shift键进行加选组合，沿景墙轮廓线框创建如图2-7-11所示选区。

⑤ 按快捷键【Shift+Ctrl+I】进行反向选择，并按Delete键进行删除，按【Ctrl+U】打开"色相／饱和度"对话框，对饱和度和明度进行调整，如图2-7-12所示。

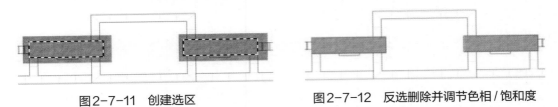

图2-7-11 创建选区　　　　　　　图2-7-12 反选删除并调节色相／饱和度

⑥ 使用同样的方式，创建图层"黄金麻"和"中国黑"，并选取素材"石材1"和"石材2"，对平面图右侧相关的范围进行填充，并通过调整"色相／饱和度"，增加材质细节。对其中景墙的格栅细节部分，进行选区创建，并填充为黄色。对景墙的出水口位置，进行选区创建，填充为浅灰色，完成如图2-7-13所示效果。

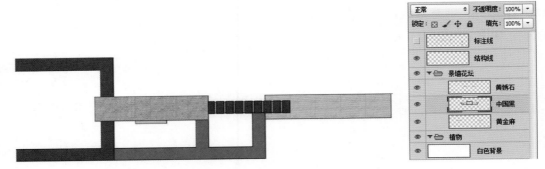

图2-7-13 完成部分材质填充

⑦ 将已经完成的右侧部分的"黄金麻"和"中国黑"材质填充，分别进行选区创建并复制，拖动至平面图左侧的相关对称位置，执行菜单栏"编辑"＞"变换"＞"水平翻转"，并移动至完全与线条轮廓吻合的位置，完成如图2-7-14所示。

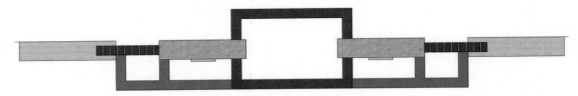

图2-7-14 复制并水平翻转完成全图

⑧ 选择素材文件中的"铺装"素材，并复制到图纸文件中，将图层更名为"地面铺装"，放至"白色背景"图层的上方，如图2-7-15所示。按下【Ctrl+T】执行自由变换命令，将地面铺装素材旋转90°，并缩放至合理的比例大小，放至平面图下方的地面部分并复制，直至铺满地面，如图2-7-16所示。

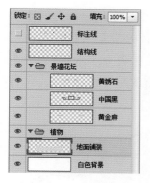

图2-7-15　图层设置

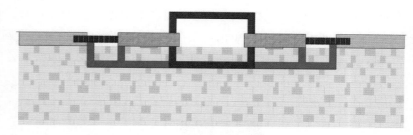

图2-7-16　完成地面铺装复制

⑨ 使用选区工具对超出铺装范围的部分进行选择，并删除。单击图层面板的"添加图层蒙版"按钮 ▢ ，为"地面铺装"图层添加蒙版，之后，按快捷键G切换至"渐变工具"，选择由黑色到白色的线性渐变方式，并在蒙版上由铺装下方至上方执行渐变，完成如图2-7-17所示的蒙版遮挡效果。

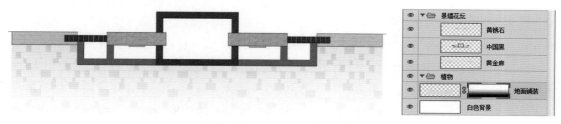

图2-7-17　完成铺装部分

⑩ 选择素材文件中的"草地"素材，复制到文件中，将图层更名为"草地"，并放至"植物"图层组内。将草地素材放至平面图上方草地位置，并复制铺满。利用选区工具，将超出草地范围的部分进行删除，然后单击图层面板的"添加图层蒙版"按钮 ▢ ，为"草地"图层添加蒙版。使用渐变工具，选择由黑色到白色的线性渐变方式，由上向下完成渐变，并调整图层不透明度为50%，完成如图2-7-18所示效果。

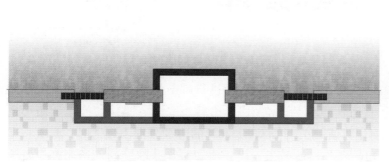

图2-7-18　完成草地部分

⑪ 使用"地被1"和"地被2"素材，将平面图中的中心花坛和两侧花坛部分的小块绿化进行填充，并将其所在图层分别更名为"地被1"和"地被2"，并放至"植物"图层组内。使用"水纹"素材，填充至平面图中的水景位置，将其图层更名为"水景"，放至"地面铺装"图层的上方，单击图层面板中的"创建新的填充或调整图层"按钮 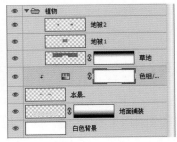，选择"色相/饱和度"，对饱和度进行降低处理，完成如图2-7-19所示效果。

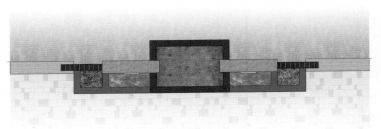

图2-7-19　完成花坛灌木和水景部分

⑫ 将素材文件中的"花卉"素材复制到平面图中央花坛的位置，并铺满，将图层更名为"花卉"，并放至"植物"图层组内，随后，将图层混合模式改为"叠加"，不透明度改为70%，如图2-7-20所示。

⑬ 在"植物"图层组内，新建图层"花卉细节"，按快捷键B切换至画笔工具，在"画笔预设"选取器中选择"散布枫叶" 样式，调整笔触大小，并分别使用紫色和黄色，在中央花坛位置进行绘制，添加植物细节，并调整图层不透明度为80%，如图2-7-21所示。

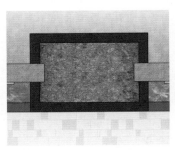

图2-7-20　叠加花卉素材

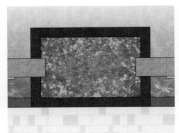

图2-7-21　添加植物细节

⑭ 使用素材中的"灌木1"，对平面图上方的草地进行细节添加，将其复制放至草地边缘位置，如图2-7-22所示，将图层更名为"灌木"。然后，按快捷键M切换至"矩形选框工具"，在工具选项栏指定羽化数值150，并沿灌木素材的边缘分别创建选区，多次按下Delete键，对灌木边缘创建柔和的羽化过渡效果，之后将"灌木"图层的不透明度设置为50%，完成如图2-7-23所示的效果。

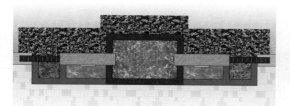

图2-7-22　为草地添加灌木　　　　　　　　图2-7-23　羽化删除灌木边缘

⑮ 将素材"乔木1"复制到文件中，并将图层更名为"乔木1"放到"景墙花坛"图层组的上方，按下【Ctrl+T】调整合适的大小，按【Ctrl+U】调整色相/饱和度，之后将其建立选区并复制，将图层的填充不透明度设置为60%，并放至如图2-7-24所示位置。

图2-7-24　添加"乔木1"素材

⑯ 双击"乔木1"图层缩览图，打开"图层样式"对话框，勾选"投影"选项，分别对投影的不透明度、角度、距离、大小等进行设置，具体参数如图2-7-25所示。勾选"描边"选项，分别对描边的大小、不透明度、颜色等进行设置，如图2-7-26所示。勾选"斜面和浮雕"选项，对样式、深度、大小、角度、不透明度等参数进行设置，具体如图2-7-27所示。

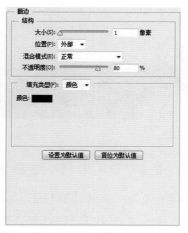

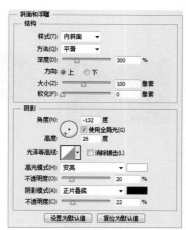

图2-7-25　"投影"选项　　　图2-7-26　"描边"选项　　　图2-7-27　"斜面和浮雕"选项

⑰ 对"乔木1"图层添加"图层样式"后的效果，如图2-7-28所示。

图2-7-28 添加"图层样式"后的效果

⑱ 将素材"乔木2"复制到文件中平面图右侧草地位置,将图层更名为"乔木2"放到"乔木1"图层上方,建立选区并将素材"乔木2"复制到左侧草地,将其色相调整为紫红色,旋转缩放大小并调整位置,将图层填充不透明度设置为70%,并对其添加投影、描边、斜面和浮雕等"图层样式",具体参数可参考之前"乔木1"选项,完成后如图2-7-29所示。

图2-7-29 增加"乔木2"

⑲ 同样的方式,添加素材"乔木3"至中央花坛位置,调整图像大小、色相、饱和度,设置填充不透明度为40%,对其添加"图层样式",完成如图2-7-30所示效果。

⑳ 分别对"景墙花坛"图层组下的"黄锈石""中国黑"和"黄金麻"图层添加"图层样式",增加"投影"效果,完成如图2-7-31所示效果。

图2-7-30 增加"乔木3"　　　　图2-7-31 为"景墙花坛"图层组增加"投影"效果

㉑ 将"人物1"素材复制到图像中,旋转使其投影方向与其他图像素材保持一致,并调整大小,放至在图中位置。对其他细节进行调整处理,例如可调整景墙和花坛的材料规格分界线,使其更加明显、局部色彩调整使其与整体更加协调等。之后,按快捷键T,输入图名文字"跌水景墙平面图",并设置字体、字号、颜色等选项参数,将文字移动到平面图下方中心位置。最后,将隐藏的"标注线"图层更改为显示,完成效果如图2-7-32所示。

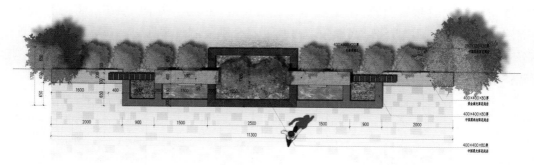

跌水景墙平面图

图2-7-32　跌水景墙平面图完成效果

㉒ 根据需要，用户也可进行整体色调的调整。例如，可将完成的彩色平面图另存为JEG文件，并将其复制到图纸中，使其图层位于最上层，然后执行"滤镜"＞"滤镜库"，选择"纹理"＞"马赛克拼贴"，并将图层混合模式改为"叠加"，可完成如图2-7-33所示的效果，其他效果用户也可自行结合"滤镜"工具和图层混合模式来进行尝试。

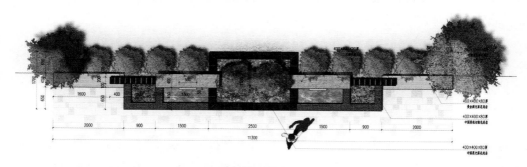

跌水景墙平面图

图2-7-33　整体色调调整

2.7.3　制作跌水景墙彩色立面图

跌水景墙彩色立面图的绘制方法，与平面图绘制方法类似，因此，以下步骤有部分省略。

① 在Photoshop 2023中，打开AutoCAD中虚拟打印的跌水景墙立面图PDF文件，并生成两张只有线条的透明图像，将两张线条图像文件合并对齐，并将图层分别更名为"结构线"和"标注线"。之后，新建"背景"图层，并填充为白色，如图2-7-34所示。

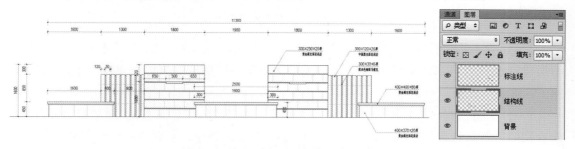

图2-7-34　合并文件并填充白色背景

② 隐藏"标注线"图层，创建"景墙花坛"和"植物"两个图层组。将之前完成彩色平面图当中的"中国黑"和"黄金麻"图层素材分别复制到文件中，并覆盖到立面图右半部分对应的位置上，对景墙格珊和出水口位置进行细节填充，对部分材质进行色相／饱和度调整增加细节变化，完成如图2-7-35所示效果。

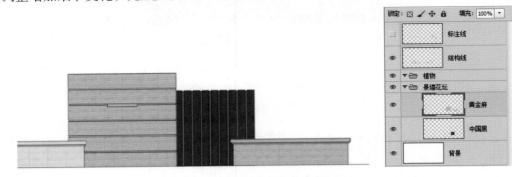

图2-7-35　完成部分材质填充

③ 分别将已完成的右半部分材质填充进行复制，并水平翻转，移动至左半部分，并与景墙花坛轮廓线对齐吻合，完成如图2-7-36所示。

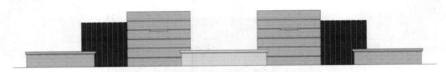

图2-7-36　复制并水平翻转完成全图

④ 将素材"天空"复制到文件中，更改图层名称为"天空"，放至"背景层"图层上方，对图层添加蒙版，然后使用由黑色到白色的线性渐变方式，在蒙版上自上而下执行渐变，随后对左右两侧天空边缘进行羽化删除，完成如图2-7-37所示效果。

图2-7-37　完成天空效果

⑤ 分别将素材中的"草坪""灌木3""灌木2"和"灌木4"复制到文件中，并分别对图层进行相应地更名，并调整图层位置，设置图层不透明度在70%～80%之间，完成如图2-7-38所示效果。

⑥ 分别将素材"乔木4""乔木5""乔木6""乔木7"和"灌木5"缩放至合适比例，放置到图中所示位置，并更改图层名称，调整图层遮挡顺序，根据植物前后关系，分别设置图层不透明度在10%～80%之间，完成效果如图2-7-39所示。

图2-7-38　添加草坪和灌木

图2-7-39　添加乔木

⑦　继续完善细节，将"水纹"素材，填充至立面图中的跌水位置，并调整不透明度和饱和度。在素材"人物2"中选择其一，复制到文件中，调整大小后，放置到图中所示位置，并将其填充为深灰色。对景墙和花坛的材料分隔线进行细节调整，输入文字"跌水景墙立面图"，并设置好字体、字号、颜色等相关选项参数。之后，将隐藏的"标注线"图层更改为显示，完成效果如图2-7-40所示。

跌水景墙立面图

图2-7-40　跌水景墙立面图完成效果

附图2、附图3分别为跌水景墙平面图、立面图的效果图。

第3章

别墅花园景观设计案例详解

概述：本章结合别墅花园景观设计案例，详细讲述了使用AutoCAD完成方案设计平面图、立面图的步骤和方法，并结合Photoshop强大的图像处理功能，讲述如何使用其完成设计方案中所需的彩色平面图、立面图和效果图的后期制作，并将分析图、图纸排版的方法和技巧进行讲解，使用户在面对实际设计任务时，能更加合理有效地利用各类软件，完成设计方案所需的图纸。

3.1 绘制前的准备工作

3.1.1 案例项目概况

本次案例中的别墅花园景观项目，占地面积约$600m^2$，设计范围如图3-1-1所示。

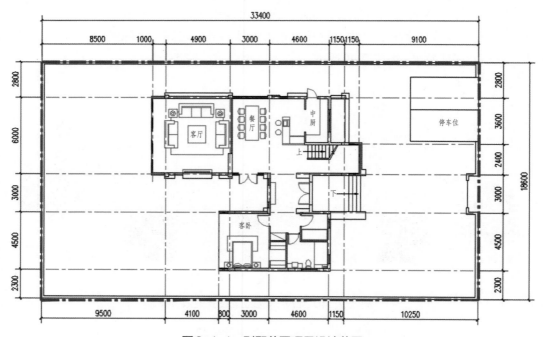

图3-1-1 别墅花园项目设计范围

3.1.2　设计方案的确定

在使用 AutoCAD 和 Photoshop 进行图纸绘制前，首先需要完成别墅花园的方案草图设计，根据不同的用户习惯，草图设计可以是手绘草稿的方式，也可以是在 AutoCAD 中直接进行设计，由于本书侧重于软件的使用方法，因此，不再涉及方案设计方法等相关内容。

3.1.3　软件设置及素材准备

在使用 AutoCAD 和 Photoshop 进行图纸绘制前，用户可根据个人使用习惯，对软件进行相关的设置，如天正插件、工作界面、绘图单位、图层、标注样式、文字样式、笔刷等。同样需要准备的还有绘图素材，包括常见的植物、人物、铺装、水体等园林景观元素的平面、立面素材等，如图 3-1-2 所示。

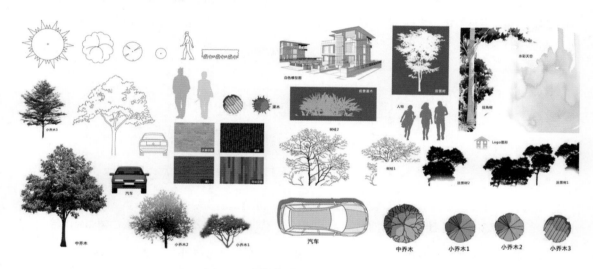

图 3-1-2　别墅花园案例中使用到的部分素材

3.2　AutoCAD绘制平面图和立面图

3.2.1　绘制平面图

① 在 AutoCAD 2023 中打开别墅花园的原始 CAD 文件，进行图层的归类整理，为保证绘图过程中的不受其它无关信息的干扰，可在充分了解用地现状图后，将轴线、尺寸标注等相关图层暂时关闭，如图 3-2-1 所示。

② 打开图层管理器，进行新建图层，如图 3-2-2 所示，用户也可以根据自己的使用习惯更改图层名称。

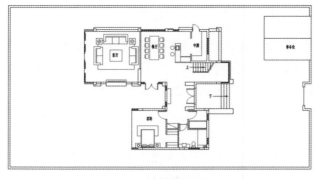

图3-2-1　整理文件

图3-2-2　新建图层

③ 为方便绘制，分别沿前院门厅、餐厅和后院客厅绘制中心辅助线，如图3-2-3所示。

④ 选择前院门厅辅助线，分别向两侧偏移距离1050和1750，并将偏移的线放置到"0-道路广场"图层中，之后对不需要的线段进行"修剪"删除，完成前院入口铺装轮廓线，如图3-2-4所示。

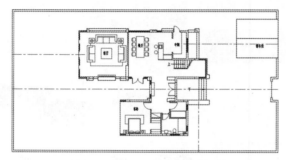

图3-2-3　绘制中心辅助线

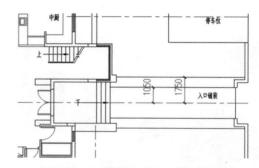

图3-2-4　偏移完成入口铺装轮廓线

⑤ 对入口铺装下方及周边的线段进行偏移，并结合"多段线"工具和"修剪""延伸"工具，完成错层木平台区域的轮廓线绘制，具体尺寸如图3-2-5所示。

⑥ 使用"圆弧"工具或"多段线"工具中的圆弧命令，绘制弧线，完成高台绿化和草地的轮廓线，具体尺寸可参考图3-2-6所示。

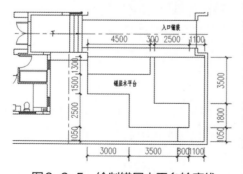

图3-2-5　绘制错层木平台轮廓线

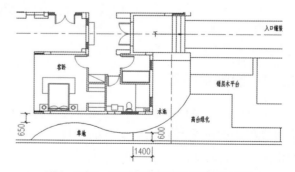

图3-2-6　绘制高台绿化和草地轮廓线

⑦ 沿后院客卧绘制中心辅助线，并捕捉距客卧外墙线距离8000的位置，绘制半径为2600的圆形，完成圆形小广场轮廓线，如图3-2-7所示。

⑧ 使用"多段线"工具中的圆弧命令，绘制草地和错层花坛轮廓线，并在适当位置绘制水池中的草坡，具体尺寸和位置可参考图3-2-8所示。

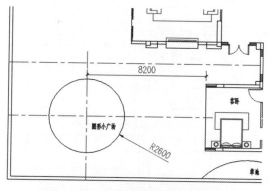

图3-2-7 绘制圆形小广场轮廓线

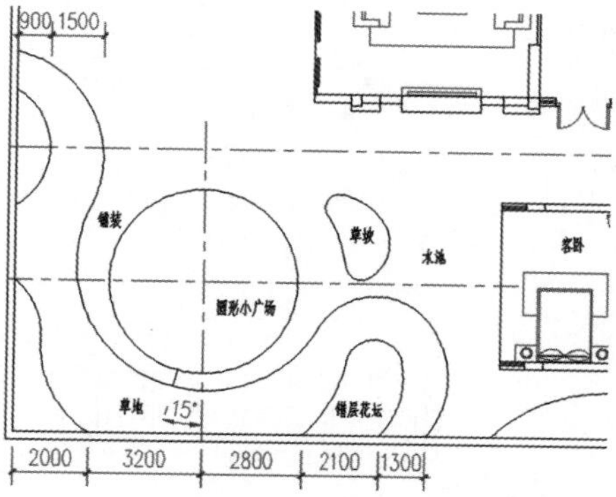

图3-2-8 绘制草地和错层花坛、草坡轮廓线

⑨ 沿后院客厅外墙线绘制多条辅助线，辅助线尺寸如图3-2-9所示。

⑩ 利用辅助线，绘制铺装、水池等的轮廓线，如图3-2-10所示。

⑪ 分别绘制800×1500、300×2000和400×1300的涉水汀步，位置如图3-2-11所示。

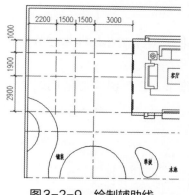

图3-2-9 绘制辅助线

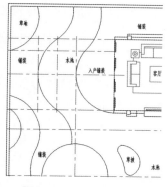

图3-2-10 绘制轮廓线

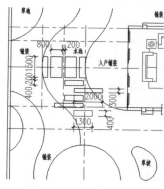

图3-2-11 完成汀步

⑫ 继续添加涉水汀步，尺寸为800×1500，位置如图3-2-12所示。

⑬ 参考辅助线，使用"多段线"工具绘制其余部分的轮廓线，如图3-2-13所示。

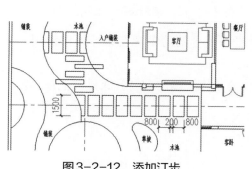

图3-2-12 添加汀步

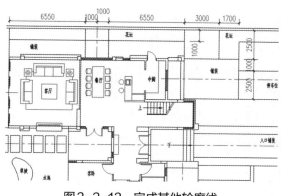

图3-2-13 完成其他轮廓线

⑭ 别墅花园所有功能分区轮廓线完成，效果如图3-2-14所示。

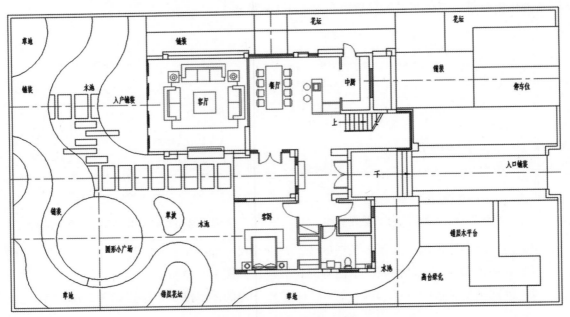

图3-2-14 完成功能分区轮廓线

⑮ 在"0-小品轮廓"图层中，绘制前院入口处的景墙座椅，并绘制花坛灌木细节，详细尺寸如图3-2-15所示。

⑯ 绘制前院入口处的长条花坛，并完善铺装分隔线和细节，之后沿中心辅助线"镜像"，具体尺寸及完成效果如图3-2-16所示。

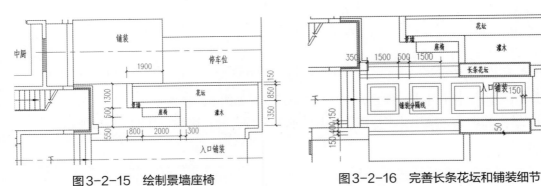

图3-2-15 绘制景墙座椅   图3-2-16 完善长条花坛和铺装细节

⑰ 使用"矩形"或"多段线"工具，绘制错层木平台处的景观花架，可以使用"阵列"命令提高绘图效率，具体尺寸可参考图3-2-17。

⑱ 继续补充绘制完成景观花架的其它部分，并绘制休闲躺椅和高台绿化的池壁，尺寸及完成效果如图3-2-18所示。

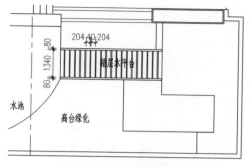

图3-2-17 绘制景观花架

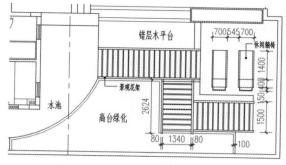

图3-2-18 补充花架、休闲躺椅

⑲ 绘制距离200的水池池壁，并完成1500×1500的水中树池，放置于如图3-2-19所示的位置。

⑳ 绘制圆形小广场周围的水池池壁和错层花坛池壁，如图3-2-20所示。

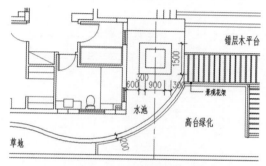

图3-2-19 绘制水中树池

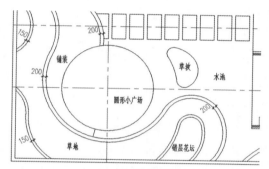

图3-2-20 绘制水池和错层花坛池壁

㉑ 对圆形小广场轮廓线进行偏移，完成圆形下沉台阶，然后参考图中尺寸和角度绘制弧形景墙和弧形花坛，如图3-2-21所示。

㉒ 使用"多边形"和"多段线"工具，绘制圆形小广场中心的遮阳篷和铺装分隔线，并绘制水池中草坡的等高线微地形，将其放置到"0-等高线"图层中，如图3-2-22所示。

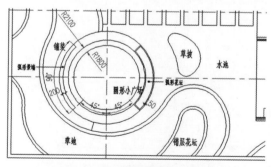

图3-2-21 绘制弧形景墙和花坛

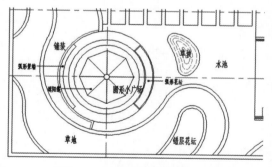

图3-2-22 绘制遮阳篷和等高线

㉓ 完成后院客厅入户铺装的细节，并绘制另外一处水上草坡及其等高线地形，如图3-2-23所示。

㉔ 绘制餐厅外部花坛和铺装分界线，如图3-2-24所示。

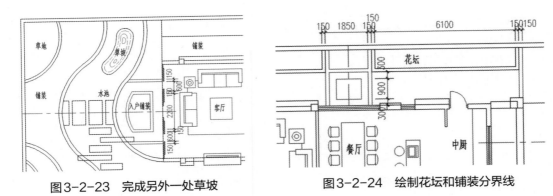

图3-2-23　完成另外一处草坡　　　　　　图3-2-24　绘制花坛和铺装分界线

㉕ 绘制停车位、周边铺装分界线以及花坛等，并将图层整理分类，具体尺寸及效果如图3-2-25所示。

㉖ 使用"图案填充"工具，在"0-铺装填充"图层，对绘制完成的停车位周边铺装进行图案填充，完善细节，如图3-2-26所示。

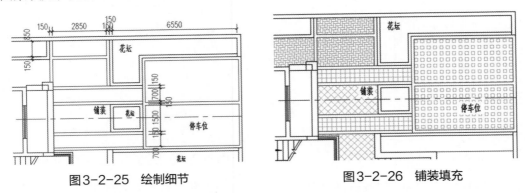

图3-2-25　绘制细节　　　　　　　　　　图3-2-26　铺装填充

㉗ 同样的方式对其它区域的铺装进行填充，填充时注意不同铺装材料有不同的规格，尺度需合理，铺装填充完成后效果如图3-2-27所示。

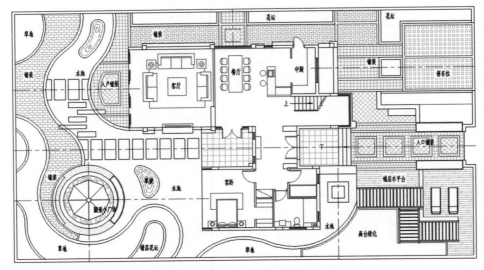

图3-2-27　完成铺装填充

㉘ 利用CAD平面植物素材，在"0-散树"图层，对别墅花园进行植物配置，并添加围墙护栏等构筑物细节，最终完成平面图效果如图3-2-28所示。

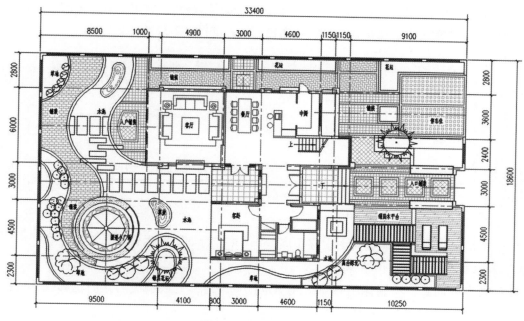

图3-2-28　完成效果

3.2.2　绘制立面图

① 选择确认要绘制的立面图方向，例如绘制东立面（入口区），为方便绘制，可将完成的CAD图纸沿顺时针旋转45°，如图3-2-29所示。

② 在图纸下方绘制地平线，并在前面绘制的平面图基础上，向下绘制辅助引线，确定景观花架、花坛、景墙座椅等轮廓的边线位置，并如图3-2-30所示。

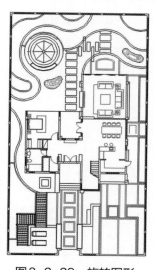

图3-2-29　旋转图形

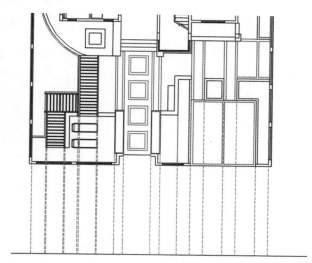

图3-2-30　绘制地平线和辅助引线

③ 使用偏移工具将地平线向上偏移距离450，并如图3-2-31所示进行修剪、补齐边线，完成错层木平台的绘制。

④ 将偏移出的错层木平台轮廓线继续向上偏移距离2350，确定景观花架的高度，参考平面图位置，补充完成景观花架的其它立面轮廓线，如图3-2-32所示。

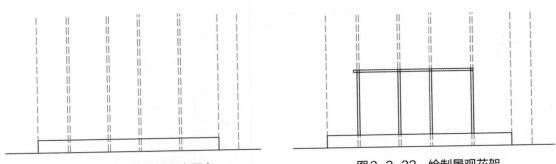

图3-2-31　绘制错层木平台　　　　　图3-2-32　绘制景观花架

⑤ 将错层木平台轮廓线向上偏移距离250，并进行如图所示修剪、补齐轮廓线，完成如图3-2-33所示的高台绿化轮廓线。

⑥ 参考平面图，绘制休闲躺椅引线确定位置，绘制完成躺椅的立面轮廓线（或使用CAD图库文件），如图3-2-34所示。

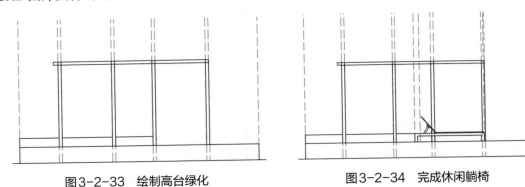

图3-2-33　绘制高台绿化　　　　　图3-2-34　完成休闲躺椅

⑦ 绘制前院入口两侧的条形花坛，高度200，并补齐轮廓线，如图3-2-35所示。

⑧ 沿花坛轮廓线向上偏移850，确定景墙的高度，并进行修剪、补齐边线，完成如图3-2-36所示的景墙立面轮廓线。

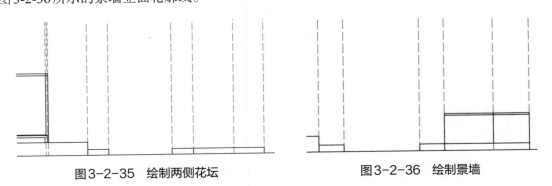

图3-2-35　绘制两侧花坛　　　　　图3-2-36　绘制景墙

⑨ 参考平面图位置，补充完成其它花坛立面轮廓线，完成如图3-2-37所示效果。

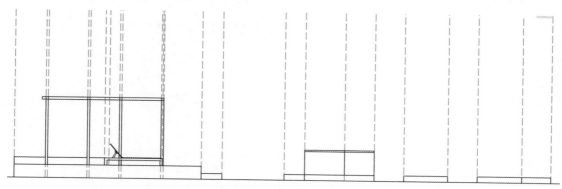

图3-2-37　轮廓线完成

⑩ 删除辅助引线，根据植物设计情况，使用植物立面素材，添加乔灌木植被，并根据前后遮挡关系进行修剪，完成如图3-2-38所示效果。

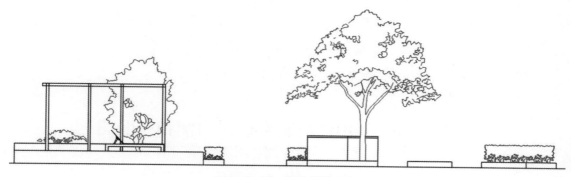

图3-2-38　添加植物素材

⑪ 根据别墅建筑东立面方案设计的实际情况，绘制建筑立面图（或根据设计前提供的已有图纸资料进行修改和调整），如图3-2-39所示。

图3-2-39　建筑立面

⑫ 参考平面图，将完成的建筑立面图复制到图中并对齐位置。根据实际需要，继续绘制或使用素材添加辅助立面元素，包括人物、汽车、灯具等，并根据立面元素的重要性和前后关系，修剪图形、调整图层等，最终完成如图3-2-40所示效果。

图3-2-40　立面图完成效果

附图4、附图5分别为AutoCAD做好的平面图、立面图。

3.3　Photoshop绘制彩色平面图和立面图

3.3.1　绘制彩色平面图

对已经完成的别墅花园AutoCAD平面图进行整理归纳，根据需要，删除不必要的辅助线和填充等信息。图形整理完毕后，将设计图纸中的方案结构线、铺装填充线、文字尺寸线等分类分别进行虚拟打印，如图3-3-1所示，虚拟打印的具体设置和操作方法，可参考前面章节的具体内容。

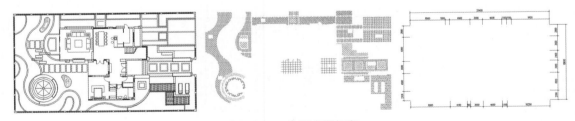

图3-3-1　分类虚拟打印

① 在Photoshop中分别打开虚拟打印好的方案结构线、铺装填充线和文字尺寸线，并将其复制粘贴到同一个文件中对齐，新建白色背景图层，并放至图层面板最底层，完成如图3-3-2所示效果，之后更改图层名称如图3-3-3所示。

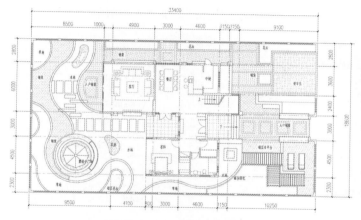

图3-3-2　合并图形文件

图3-3-3　图层命名

② 为方便绘制，更改图层"文字尺寸线"和"铺装填充线"为不可见，使用"魔棒"工具在"方案结构线"层，分别创建草地绿化选区进行颜色填充，如图3-3-4所示。

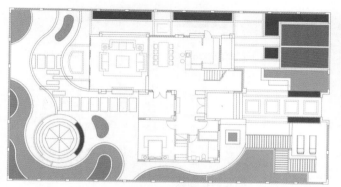

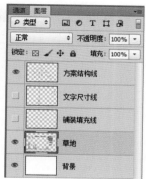

图3-3-4　填充草地

③ 将别墅花园围墙以外的区域创建选区进行保护，选择"画笔工具"，使用"硬边圆"笔触并调整至合适大小，绘制如图3-3-5所示的仿手绘效果的笔触。

④ 调节画笔的大小、不透明度和流量，绘制更多仿手绘效果笔触，如图3-3-6所示。

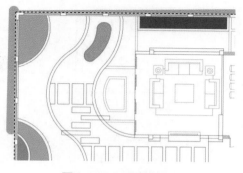

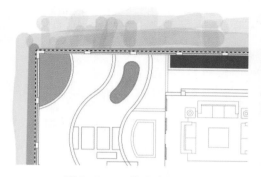

图3-3-5　画笔笔触

图3-3-6　仿手绘效果

⑤ 补充完成围墙外其它区域的绿化，如图3-3-7所示。

⑥ 新建"铺装"图层组，并新建图层，"浅红色广场砖"，如图3-3-8所示。

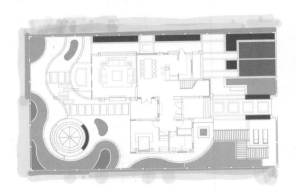

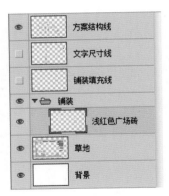

图3-3-7　补充完成围墙外绿化　　　　　　图3-3-8　新建铺装图层

⑦ 使用魔棒工具创建所需要的选区，并在"浅红色广场砖"图层进行填充，同样的方式，完成"灰色广场砖"和"浅黄色透水砖"图层的填充，效果如图3-3-9所示。

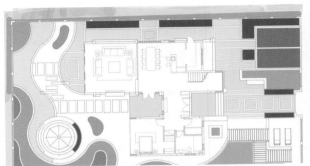

图3-3-9　填充铺装图层

⑧ 将隐藏的"文字尺寸线"和"铺装填充线"图层更改为可见，在入口铺装处创建选区，如图3-3-10所示。

⑨ 在"灰色广场砖"图层，新建"调整图层">"色相/饱和度"，进行如图3-3-11所示的调整，完成铺装细节的添加。

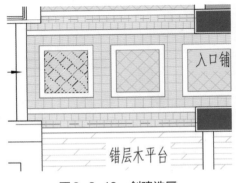

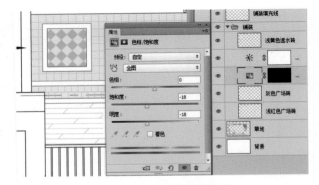

图3-3-10　创建选区　　　　　　　　　　图3-3-11　创建调整图层

⑩ 对创建的"调整图层"蒙版进行复制并完善，如图3-3-12所示。

⑪ 同样的方式,在"浅黄色透水砖"图层创建调整图层,添加铺装细节,并新建图层"铺装带",进行填充,完善细部,如图3-3-13所示。

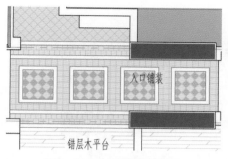

图3-3-12 完善调整图层

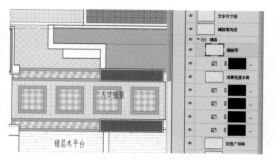

图3-3-13 添加铺装细节

⑫ 继续补充完善其它区域的铺装,如图3-3-14所示分别为停车区域、后院入口区域、后院圆形小广场及前院木平台区域的铺装细节。

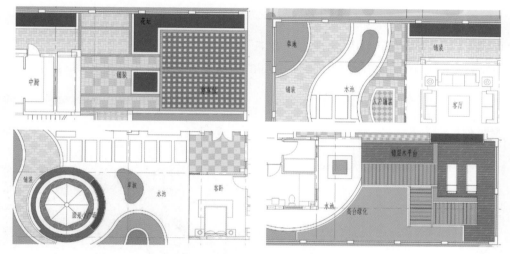

图3-3-14 各区域铺装细节

⑬ 新建"水景"图层,并使用魔棒工具创建水系区域的选区,进行如图3-3-15所示的蓝色填充。

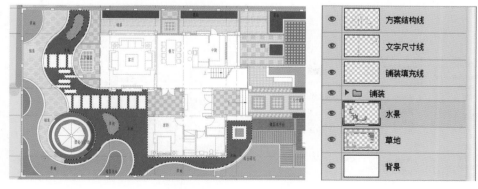

图3-3-15 填充水景颜色

⑭ 保持选区，将"水景纹理贴图"素材进行复制，使用菜单栏"编辑">"选择性粘贴">"贴入"，将素材以蒙版的方式粘贴到图像中，更改图层名称为"水景贴图"，并复制至整个水景选区区域，如图3-3-16所示。

图3-3-16 贴入水景纹理贴图

⑮ 更改"水景贴图"图层属性为"叠加"，并为其添加"图层样式">"颜色叠加"，选择叠加的颜色为黄色，透明度30%，如图3-3-17所示，完成效果如图3-3-18所示。

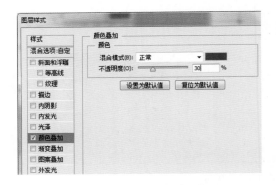
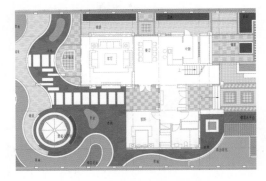

图3-3-17 添加图层样式　　　　　　图3-3-18 完成后的水景效果

⑯ 选择"水景"图层，为其添加"图层样式">"内阴影"，各项参数如图3-3-19所示，完成水景内投影添加后的效果如图3-3-20所示。

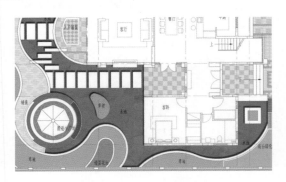

图3-3-19 为水景添加内阴影　　　　　　图3-3-20 完成后效果

⑰ 创建"植物"图层组，并新建图层"地被"，使用"画笔"工具，选择合适的笔触类型、大小和颜色，进行地被植物的添加，局部如图3-3-21所示。

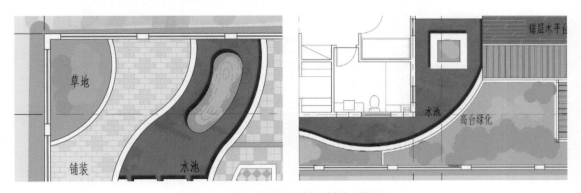

图3-3-21　局部添加地被植物后效果

⑱ 新建图层"片植灌木"，使用"画笔"工具，进行片植灌木的添加，局部如图3-3-22所示。

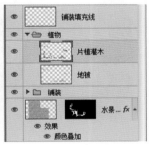

图3-3-22　添加片植灌木

⑲ 为"片植灌木"添加"图层样式">"描边"，设置为黑色2个像素，如图3-3-23所示。之后继续添加"投影"，如图3-3-24所示，完成后的局部效果如图3-3-25所示。

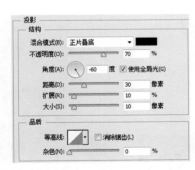

图3-3-23　描边样式设置　　　　图3-3-24　投影样式设置　　　　图3-3-25　完成后效果

⑳ 使用"中乔木"素材，在所需位置配置中乔木，并适当调整大小，更改图层名称及添加投影样式，局部如图3-3-26所示（考虑实际效果，可将图层"铺装填充线"图层放置到"植物图层组"下方）。

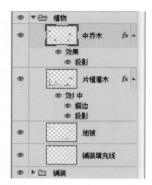

图3-3-26　添加中乔木后局部效果及样式设置

㉑　分别使用素材"小乔木1""小乔木2""小乔木3"和"小乔木4"进行植物配置，并更改图层名称及添加投影，局部如图3-3-27所示。

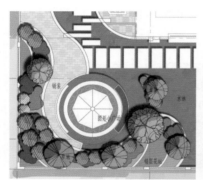
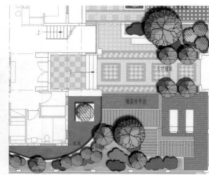
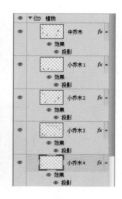

图3-3-27　添加小乔木后的局部效果

㉒　使用素材"灌木"，进行灌木配置，并增加投影，局部完成后如图3-3-28所示。

㉓　新建"围墙外植物"图层，为庭院围墙外部区域添加灌木和乔木，并调整图层不透明度为40%，同时补充完成庭院围墙外的其它内容，局部如图3-3-29所示。

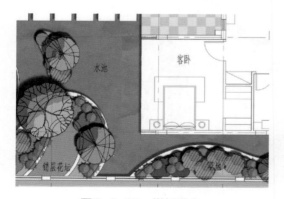

图3-3-28　增加灌木　　　　　　　　　图3-3-29　补充围墙外植物

㉔　新建图层"小品 矮"，选择庭院中的围墙、花坛、躺椅等较低矮的小品设施，进行填充，并增加投影，局部如图3-3-30所示。

㉕ 新建图层"小品 高"，选择庭院中的景墙、景亭等较高的小品设施，进行填充，增加投影，并使用"汽车"素材，放置到停车位位置，完成局部效果如图3-3-31所示。

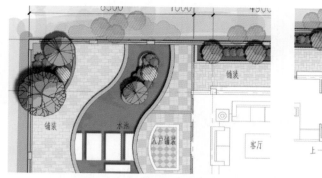

图3-3-30　增加低矮小品　　　　　　图3-3-31　补充较高小品设施

㉖ 同样的方式，新建"建筑"图层，为别墅建筑填充颜色，并增加投影，同时，将投影残缺部分补齐，最终效果如图3-3-32所示。

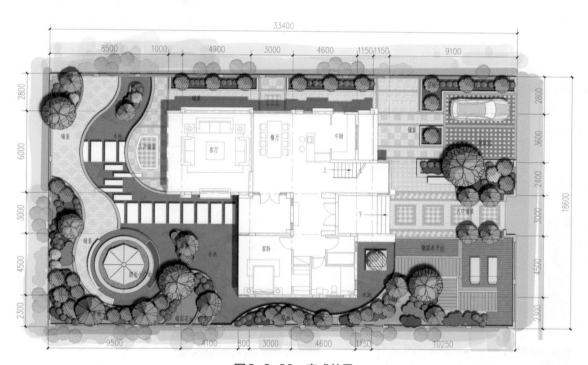

图3-3-32　完成效果

3.3.2　绘制彩色立面图

对已经完成的别墅花园AutoCAD立面图进行整理归纳，并分别根据立面空间前后顺序将设计图纸中的结构线、花架、躺椅等分类进行虚拟打印，如图3-3-33所示。

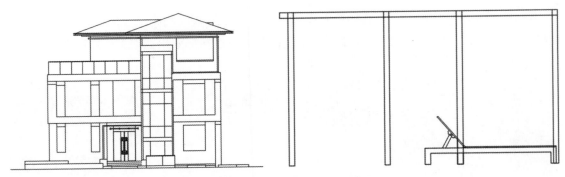

图3-3-33　整理图纸并分类虚拟打印

① 在 Photoshop 中分别打开虚拟打印好的结构线、花架和躺椅，并将其复制粘贴到同一个文件中对齐，新建白色背景图层，并放至图层面板最底层，完成如图3-3-34所示效果。之后更改图层名称如图3-3-35所示。

图3-3-34　合并图层文件

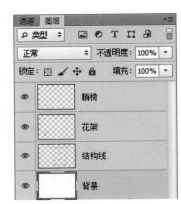

图3-3-35　图层更名

② 新建"别墅建筑"图层组，并使用"屋顶"素材，将图中别墅建筑的屋顶部分进行覆盖，然后使用魔棒创建屋顶部分的选区，如图3-3-36所示。

③ 在图层面板中，为"屋顶"图层添加蒙版，完成如图3-3-37所示效果。

图3-3-36　用素材覆盖范围

图3-3-37　添加蒙版

④ 以同样的方式，分别使用"墙1"、"墙2"、"墙3"素材，为别墅建筑立面添加细节，如图3-3-38所示。

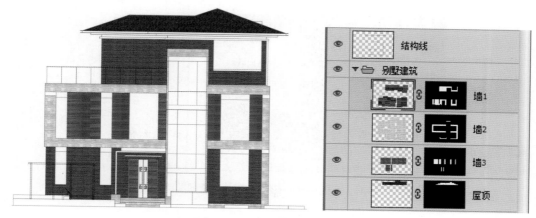

图3-3-38　添加别墅建筑细节

⑤ 在"别墅建筑"图层组中，新建图层"玻璃1"和"玻璃2"，并补充完成建筑立面细节，通过对图层不透明度的调整，形成建筑中玻璃围栏与后方墙面的前后遮挡透明关系，如图3-3-39所示。

图3-3-39　补充完成别墅建筑细节

⑥ 分别新建图层"花坛立面""花架立面"和"躺椅立面"，并对其分别进行对应颜色的填充，完成后，调整图层上下关系，形成躺椅、花架和别墅建筑之间的正确遮挡关系，形成如图3-3-40所示的效果。

⑦ 使用"景墙"素材，对景墙增加材质，如图3-3-41所示。

⑧ 新建"植物"图层组，将素材"灌木"添加至图像中，并放置到所需位置，并调整图层不透明度为80%，如图3-3-42所示。

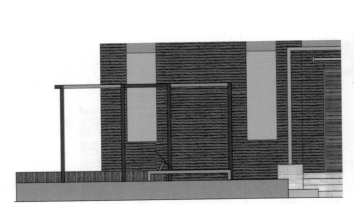
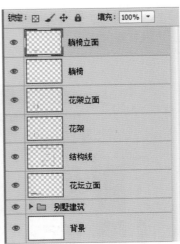

图3-3-40 完成躺椅、花架填充并调整图层前后关系

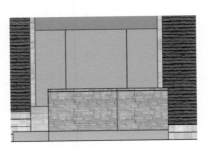

图3-3-41 添加景墙

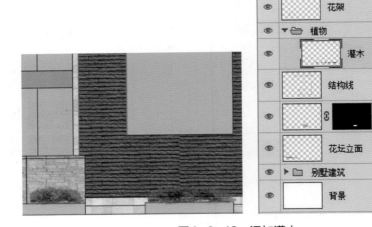

图3-3-42 添加灌木

⑨ 分别使用其它植物素材对立面图进行丰富，根据方案实际植物配置情况进行合理搭配，远处的植物不透明度设置相对较低，近处的不透明度设置较高，如图3-3-43所示。

⑩ 调整植物与建筑、花架、景墙等构筑物的前后关系，并调整不透明度，完成效果如图3-3-44所示。

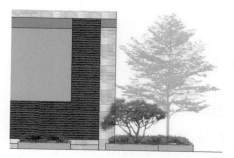

图3-3-43　添加植物

图3-3-44　植物完成效果

⑪ 使用"人物"素材，在立面图中适当位置添加人物，并调整不透明度，如图3-3-45所示。

⑫ 使用"汽车"素材，在停车位位置添加汽车立面，如图3-3-46所示。

图3-3-45　添加人物

图3-3-46　添加汽车

⑬ 使用"天空"素材，完成立面图中背景天空的添加，最终完成效果如图3-3-47所示。

图3-3-47　立面完成效果

附图6、附图7、附图8分别为AutoCAD所做的彩色平面图、彩色立面图和平面、立面图素材。

3.4 效果图后期表现及其他

在园林景观设计的图纸成果中，平面图、立面或剖面图是非常重要的组成部分，除此之外，效果图、分析图、图纸排版等其他内容也同样重要。效果图的建模和表现需要专业三维软件的设计和参与，如3ds Max、SketchUP等，而分析图、排版等内容则可以完全使用Photoshop来独立完成。

3.4.1 效果图后期表现

在使用Photoshop进行效果图后期表现前，需要使用三维建模类软件完成场景模型的建立和材质、视角的确定。在本案例中，别墅庭院景观的建模工作由SketchUP完成，并通过材质赋予、组件添加和视角的确定，导出所需要的效果图场景素材，根据需要分别导出如图3-4-1所示的效果图和图3-4-2所示的白色模型图。

图3-4-1 导出效果图素材

图3-4-2 导出白色模型

① 在Photoshop中打开由SketchUP导出的效果图场景，在图层缩览图处双击进行解锁，并更改图层名称为"原图像"，使用魔棒工具选择效果图的天空部分和地面部分进行删除，如图3-4-3所示。

② 新建"背景"图层，并填充为白色，放至图层面板最底层，选择"滤镜">"杂色">"添加杂色"，为原图像添加单色的杂色效果，如图3-4-4所示。

图3-4-3 删除天空和地面

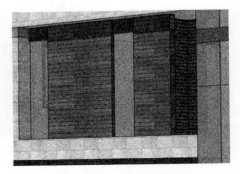

图3-4-4 添加杂色细节

③ 打开由SketchUP导出的白色模型图，使用"色彩范围"命令，在合理的颜色容差内，选取图像中的白色区域，之后进行"反向"选择，选中白色模型图中的黑色和灰色线条选区，如图3-4-5所示。

④ 对选区填充白色，并将其复制到效果图场景图像中，局部如图3-4-6所示。

图3-4-5　建立线条轮廓选区

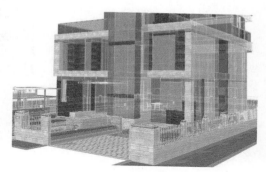

图3-4-6　填充白色线条

⑤ 将填充白色轮廓线条的图层更名为"轮廓线"，并将图层混合模式调整为"叠加"，不透明度改为90%，将其向右下角移动10～20像素，使其与下层图像形成一定的错位效果，完成如图3-4-7所示。

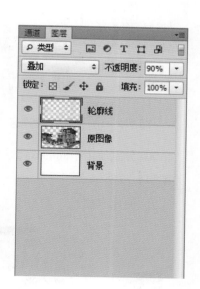

图3-4-7　调整图层混合模式

⑥ 使用"水彩天空"素材，将其添加至效果图像中放置到所需位置，并调整图层顺序，如图3-4-8所示。

⑦ 新建图层"建筑阴影"，使用画笔工具并选择黑色，为主体别墅建筑的阴影及投影部分绘制细节，加深暗部信息，之后，调整图层不透明度为50%，效果如图3-4-9所示。

⑧ 使用"椭圆"选框工具，在远景别墅建筑的位置绘制圆形选区，并右击在快捷菜单中选择"羽化"，设定数值为300，如图3-4-10所示。

图3-4-8　增加天空

图3-4-9　加深建筑阴影

⑨ 为选区创建新的"色相／饱和度"调整图层，将饱和度降为−80，亮度提升为+20，效果如图3-4-11所示。

图3-4-10　创建羽化选区

图3-4-11　完成调整图层

⑩ 分别使用不同的"远景树"素材，为图像增加背景树，并调整不透明度为30%～50%，如图3-4-12所示。

⑪ 使用"树枝"素材，为图像增加背景树枝效果，如图3-4-13所示。

图3-4-12　添加远景树

图3-4-13　添加背景树枝

⑫ 将"前景树"素材，放到种植的所需位置，调整图层不透明度为60%，效果如图3-4-14所示。

⑬ 将"前景灌木"素材，放置到前景所需位置，调整不透明度为90%，图层混合模式改为"叠加"，效果如图3-4-15所示。

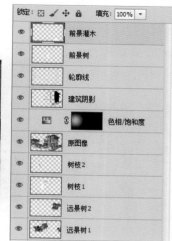

图3-4-14　添加前景树

图3-4-15　添加前景灌木

⑭ 将"挂角树"素材，放置到图像左侧边界位置，并调整不透明度为40%，图层混合模式为"正片叠底"，效果如图3-4-16所示。

⑮ 使用"人物"素材，在图像场景需要的位置增加人物，并调整不透明度为50%，局部如图3-4-17所示。

图3-4-16　添加挂角树

图3-4-17　添加人物

⑯ 为前景树及人物等素材添加投影，并调整细部，完成效果如图3-4-18所示。

3.4.2　绘制分析图

园林景观分析图，根据具体设计方案的不同，可分多种方式，本案例进行的是交通流线分析图的制作，其他同理。

图3-4-18　最终完成效果

① 将之前完成的彩色平面图进行整理，并导出为JPEG格式，将其在Photoshop中打开，如图3-4-19所示。

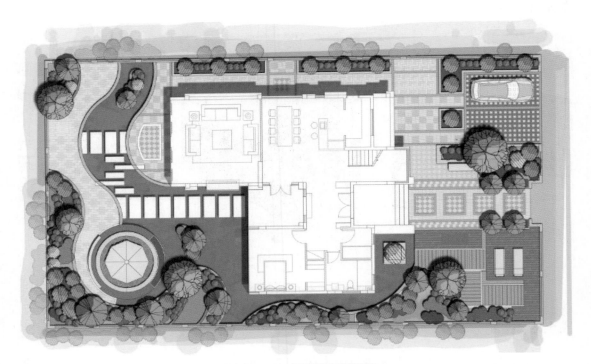

图3-4-19　打开彩色平面图

② 在图层面板中，单击"创建新的填充或调整图层"按钮，并在弹出的菜单中选择"色相/饱和度"，对其属性进行设置，饱和度调整为−80，明度调整为+40，完成效果如图3-4-20所示。

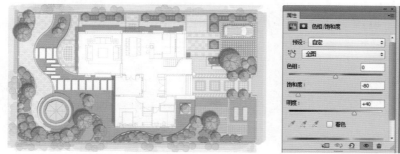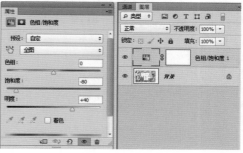

图3-4-20　增加"色相/饱和度"调整图层

③ 使用钢笔工具，将工具选项栏设置为"形状"，填充为"无颜色"，描边为50点宽度的"红色"，描边类型设置为虚线，并在更多选项中进行虚线描边的参数设置，具体如图3-4-21所示。

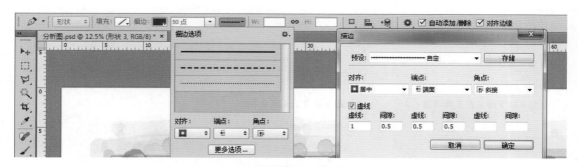

图3-4-21　钢笔描边选项设置

④ 新建"入口道路"图层组，使用设置好的钢笔工具，进行绘制，完成庭院与建筑入口间的道路流线绘制，如图3-4-22所示。

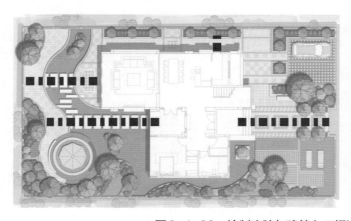

图3-4-22　绘制庭院与建筑入口间道路

⑤　选择矢量图"椭圆工具"，将工具选项栏设置为"形状"，填充为"黄色"，描边为20点宽度的"蓝色"，描边类型设置为虚线，并在更多选项中进行虚线描边的参数设置，具体如图3-4-23所示。

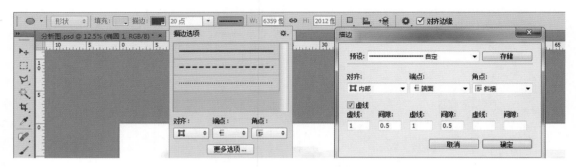

图3-4-23　椭圆工具选项设置

⑥　使用设置完成的椭圆工具，按下Shift键的同时，分别在别墅建筑的4个出入口位置绘制圆形标识，并将图层名称更改为"入口标识"，将图层的填充不透明度设置为40%，完成如图3-4-24所示效果。

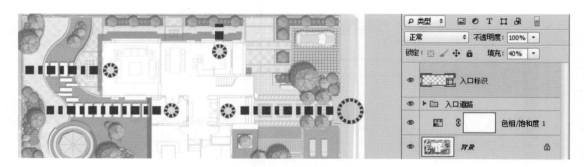

图3-4-24　绘制建筑入口标识

⑦　新建图层组"庭院道路"，使用钢笔工具，选定深黄色，调整虚线描边设置来绘制庭院内的道路流线，如图3-4-25所示。

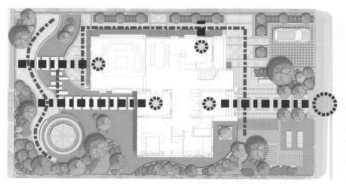

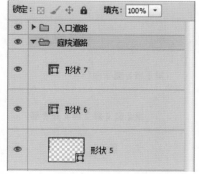

图3-4-25　绘制庭院内道路

⑧　使用同样的方式，用圆点虚线来绘制建筑室内道路流线图，如图3-4-26所示。

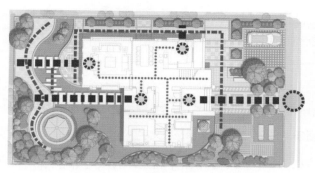
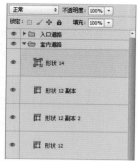

图3-4-26　绘制庭院内道路

⑨ 分别使用钢笔工具、椭圆工具和矩形工具，绘制外围道路、庭院停留区和停车区，并调整所有分析符号所在的图层不透明度为80%，最终完成效果如图3-4-27所示。

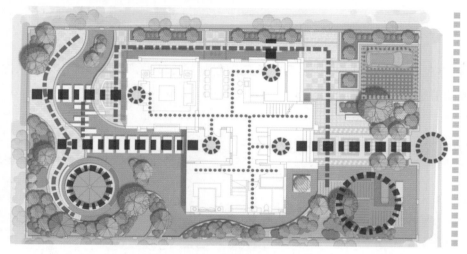

图3-4-27　道路分析图完成效果

3.4.3　图纸排版

园林景观方案设计图纸在完成后，根据需要会进行设计排版，通常以A3文本或展板的方式进行，本案例以A3设计文本的排版作为讲述对象，展板同理。

① 首先，对A3底版进行设计，打开Photoshop软件，新建横版A3纸张，并将分辨率设置为300像素/英寸，以满足打印的需要。考虑版式的规范统一和打印后的裁切，拖动标尺创建参考线。

② 新建图层组"底版"，使用素材添加文本Logo图形，并选择合适的字体和字号加入设计项目名称的中英文，如图3-4-28所示。

图3-4-28　加入Logo和名称文字

③ 分别使用矩形选区工具绘制矩形选区并填充，创建6个类别的标签，调整图层不透明度，并加入类别文字丰富版式，如图3-4-29所示。

图3-4-29　加入类别标签和文字

④ 在文本的右下角使用选区，填充加入横线，并加入单位文字信息和时间信息，如图3-4-30所示。

图3-4-30　增加右下角版式信息

⑤ 将完成的别墅花园景观设计彩色平面图复制到文件中，并调整大小，加入图名、指北针等辅助信息，完成平面图排版工作，如图3-4-31所示。

图3-4-31　完成总平面图排版

⑥ 根据实际文本排版的需要，可用同样的方式，对其他图纸如交通分析图、节点效果图等进行排版，最终完成整套A3设计文本。具体效果如附图9 ～附图12所示。

附 录
技 巧 提 示

AutoCAD 2023

AutoCAD 2023 技巧提示汇总	
图形文件基本操作	• 对于图形文件的新建、打开、保存操作推荐使用快捷键组合的方式去执行，例如"新建"图形文件可以通过【Ctrl+N】后直接按"回车键"的方式快速完成 • 在使用AutoCAD进行绘图时养成随时按下【Ctrl+S】进行保存的习惯，以免由于断电或系统出错导致的文件进度丢失 • 高版本的AutoCAD保存的图形文件可能会出现在低版本中无法打开的情况，如遇到，在另存为文件时可从"文件类型"下拉列表中选择低版本进行保存
图层创建与设置	• 图层在够用的基础上越精简越好，不同的图层尽量指定不同的颜色以便于后期的区别 • 图层0是AutoCAD的默认图层，为避免图层分类不清，尽量不要在0层进行图形绘制，而是在0层进行定义"块" • 在"图层特性管理器"窗口中，如果需要对多个图层执行"开/关"或"冻结"、"锁定"等操作时，可以结合Ctrl或Shift键进行加选、多选（或鼠标左键框选）来批量操作，可以较好地提升绘图效率 • 对于大多数单个或较少图层的管理活动，例如"开/关"或"冻结"，直接在图层面板的"图层"下拉列表中进行操作会更加便捷 • 在将某个图形从一个文件复制到另外一个文件的过程中，图形在原文件中所属的图层及其属性也会被复制到另外一个文件当中
绘图辅助功能	• 在实际绘图过程中需要经常在启用捕捉或关闭捕捉、启用正交或关闭正交之间交替，最快速的切换方式就是通过快捷键，开/关捕捉F3、开/关正交F8，这两个按键的使用频率较高 • 由于在绘图中经常会捕捉不同的关键点，反复进行对象模式的切换在实际绘图时会浪费大量的时间，推荐默认将多个捕捉模式同时开启，例如同时选中最常用的端点、中点、圆心、象限点、交点、垂足等，在实际捕捉时通过捕捉图标显示的不同加以区别，如 □ △ ○ × 分别代表了端点、中点、圆心、交点
视图基本操作	• 对于实际绘图过程中的视图缩放和平移操作，可以通过更加方便快捷的鼠标操作方式去执行，利用鼠标中键的滚轮向前滚动可以将视图放大，向后滚动可以将视图缩小，按下鼠标中键滚轮后，光标会显示为手状图形，这时可以进行拖动来平移视图 • 对于窗口中出现的各类显示问题，例如编辑后的图形没有发生变化、绘制的圆形或圆弧不圆变成直线段等，均可使用快捷键RE然后按空格键执行"重生成"命令来解决

AutoCAD 2023 技巧提示汇总	
线的绘制	• 建议在实际绘图中养成左手键盘、右手鼠标的操作习惯，发挥左手工具快捷键的优势和右手鼠标操作相结合，提高绘图效率 • 在 AutoCAD 中，回车键和空格键都可以用来执行命令，空格键更快捷，使用频率更高。另外，空格键还可以重复上一个命令，例如用户在执行完直线命令后，还需要继续使用这一命令时，不需要再次输入直线命令的快捷键，而是直接按空格键即可 • Esc 键在 AutoCAD 中使用频率非常高，用来取消命令，当我们在执行某个命令过程中需要取消时，直接按 Esc 键即可退出该命令 • 在无命令状态下使用快捷键输入时，直接输入快捷键执行即可，无需在命令行窗口单击 • 用"多段线"工具绘制的多条直线是一个完整的对象，而用"直线"工具绘制的多条线段则每一段都是独立的对象，因此在实际绘图过程中，使用"多段线"绘制的图形更加整体，更利于提高效率 • 对于园林景观绘图来说，"样条曲线"无规律且不便于后期编辑，尽量减少使用
图案填充	• 在园林景观方案设计中，填充的使用频率较少，往往用于部分铺装、水体和灌木等，且为了方便后续彩色平面图的制作，尽量不要使用过密的填充及实体填充 • 在 AutoCAD 中进行实际图案填充时，可能会出现各种填充失败的现象，需要根据提示进行分析，并找到解决方法，例如提示"边界定义错误"或填充样式出现异常时，可能是图形有未闭合的现象；部分区域填充后无法显示，可能填充比例过大或图案填充处于不可见状态，可输入快捷键 FILL 命令进行修改等
目标对象的选取	• 实际绘图过程中，点选和矩形框选是最常使用的，但往往也需要与其它选择方式组合，来选定更复杂的图形 • 使用栏选的方式可以将所有与栏选直线相交叉的图形对象选定，在某些图形复杂的特殊情况下有很好的使用效果，用户可在实践操作中体会 • 面对需要选择复杂图形中的相同或相似图形对象时，AutoCAD 提供了多种不同方式，例如在选定对象后，在右击快捷菜单中选择"选择类似对象"，可以快速对图中同类的图形进行选择；通过"快速选择"对话框，可以指定某些条件进行特征筛选，并创建所需的选择集；还可以通过输入快捷键 FI，打开"对象选择过滤器"，执行更多条件下的筛选。合理地利用这些选择命令可以为制图带来较大的效率提升
移动工具	• 在执行删除等修改操作时，可以先执行命令，然后选择图形对象；同样也可以先选择图形对象，然后再执行命令，两者完成命令的效果是一样的。在实际绘图过程中，先选定对象再执行命令的方式往往效率更高一些 • 用户还可以通过先选定要删除的对象，然后直接按键盘上的 DELETE 键来执行删除命令，更加方便快捷 • 在执行过删除等修改操作后，如果想快速恢复到修改之前的图形状态，可按快捷键【Ctrl+Z】进行"放弃"操作，多次按下可放弃多个修改操作

	AutoCAD 2023 技巧提示汇总
复制	• 在使用【Ctrl+C】和【Ctrl+V】进行不同文件之间图形对象的复制粘贴时，如果图形不出现或出现的位置较远，可以在复制图形时使用【Ctrl+Shift+C】的方式进行带基点复制 • 如果需要对图形对象进行有规律的复制时，例如整排整列，或是沿圆、圆弧等距分布，常常使用"阵列"命令而不是"复制"命令
偏移	• "偏移"命令在实际园林景观绘图过程中比"复制"命令的使用频率更高，仔细体会认识两者的区别，有助于在绘图中提高效率 • 对不同工具绘制的图形对象使用偏移的效果会有很大的不同，在多段线绘制的图形上使用"偏移"命令的效率更高
修剪/延伸	• 初学使用修剪/延伸命令时，一定要对选择修剪或延伸的边界和选择修剪或延伸的对象，进行正确的区分和理解，这是掌握修剪/延伸命令的关键 • 在实际绘图过程中，如果出现无法进行对象修剪或延伸，可能是由多种原因导致，如果是视图刷新的问题可以执行"重生成"更正；或是通过三维视图检查对象是否在同一平面，如果不在同一平面，可将其 Z 轴归零解决；如果有些图块无法进行修剪或延伸，可将其"分解"后再执行
圆角/倒角	• 当出现无法圆角或倒角，并提示"两个图元不共面"时，说明两条线不在同一个平面上，可按【Ctrl+1】打开"特性"选项板，查看对象特性，将其中的标高修改为0后即可 • 在进行圆角或倒角过程中，如出现"圆角半径太大"或"倒角距离太大"时，表示指定的圆角半径或倒角距离已经大于其中的一个对象，无法进行操作，此时只需将半径或距离改小即可 • 对于平行线、图块和处于外部参照中的图形无法进行圆角或倒角
编辑多段线	• 当对非多段线执行"编辑多段线"时，系统会提示"是否将其转换为多段线"，此时选择默认 Y 确认后即可对其进行编辑 • 在需要同时对多条多段线进行编辑时，可在执行命令后，在命令行输入 M，并依次选择需要编辑的多段线
文字样式	• 在 AutoCAD 2023 中字体分为两种：一种为默认的 True Type 字体，后缀名 "TTF"，特点是质量高、样式多并便于多平台移植；另一种为 AutoCAD 专有字体，后缀名 "SHX"，特点是文件小、速度快，但美观度不足 • 在打开 AutoCAD 文件时，可能会出现字体无法正确显示的问题，可以尝试在出现"指定字体给样式"对话框后，在"大字体"列表中选择简体中文"gbcbig.shx"，或在打开文件后，选择无法正确显示的字体，更换为其它文字样式来尝试解决

	AutoCAD 2023 技巧提示汇总
多行文字	• 对于一般的简单文字注释，较常使用单行文字，因为其格式更加简单小巧、更便于编辑 • 当需要对输入的多行文字转变为单行文字时，只需要将其"分解"（EXPLODE）即可；当需要将单行文字转变为多行文字时，可在选定单行文字后，在命令行输入"TXT2MTXT"执行即可 • 当需要输入一些特殊符号，例如直径 ϕ、度数 ° 时，可以使用控制符，常见的有：%%C 代表直径符号（ϕ），%%D 代表度数符号（°），%%P 代表正负号（±）等。对于更多特殊符号的输入可以在多行字体的"文字编辑器"中找到"符号"选项 @，并在其下拉列表中选择并插入
标注样式	• 标注样式的设置通常与图纸的打印比例相对应，以便于出图时各种比例打印的标注能够统一规范，在多数设计单位都有自己的标注样式模板可以套用，这样可以保证图纸标注的一致性，更加方便快捷 • 在一些CAD类的专业设计软件中，例如浩辰CAD、天正建筑等，只需要在绘图之前设置好出图比例，在进行文字和尺寸标注时，软件会自动与设置的出图比例相对应，无需做图者对文字和标注样式进行设置，这就大大提高了制图效率并更符合制图标准
图块	• 在需要对图块进行分解时，可以单击选定要分解的图块，输入X后按空格键，执行"分解"命令即可完成 • 用户可以通过菜单栏中的"文件">"输出"打开"输出数据"对话框，在"文件类型"下拉列表中选择"块"，指定保存目录和名称后单击保存，即可对文件中的整个图形或指定的图块进行输出保存 • 在将定义的图块插入指定图层时，可能会出现图块的颜色等属性与插入图层不一致的情况，原因是在定义图块时图形对象不在0层中，因此，在大部分情况下，要在0层进行定义图块
打印选项	• 在 AutoCAD 2023 中进行图像虚拟打印时，有多种格式可以选择，一般默认的JPEG、PNG 等格式在对图像清晰度要求不高时可以使用，但如果需要虚拟打印高清图像，建议使用BMP、TIFF 等非压缩图像格式，并将图纸分辨率自定义到所需数值（一般在 5000 像素左右基本满足后续打印需要），也可虚拟打印为PDF、EPS 等矢量图格式，在其它软件中进行后续操作处理 • 如果发现图纸中能够显示的内容在打印时却无法显示，可能存在多方面的原因，例如图形可能在Defpoints层，或图层被设置为不可打印，或文字缺少字体等，应该具体问题具体分析并解决 • 当在布局空间进行图纸打印时，可能会出现图形线型无法正确显示的问题，例如虚线显示为连续线，可以通过打开"线型管理器"，将"缩放时使用图纸空间单位"复选框撤选，或输入LTS按空格键，调整线型比例因子来解决

Photoshop 2023 技巧提示汇总	
文件基本操作	• 在进行新建文件时，用户可以根据不同的使用需要来设置分辨率，一般网页或电脑浏览时可设为72ppi，而如果要满足印刷的需要则需设为300ppi • 在使用Photoshop进行绘图时要养成经常按下【Ctrl+S】进行保存的习惯，以免由于断电或系统出错导致的文件进度丢失
视图操作	• 对图像视图的缩放操作除了使用缩放工具外，还可以通过快捷键【Ctrl++】或【Ctrl+-】快速对图像中心进行缩放，按下【Ctrl+0】会使图像缩放至充满画布窗口 • 在大部分工具下，按住空格键均可切换为抓手工具进行视图平移，松开空格键返回，这个技巧在实际图像处理过程中非常实用。对于局部放大的图像，可按住H键并单击拖动鼠标，通过出现的矩形框进行定位并放大所选区域，同样非常实用 • 在Photoshop中，建议更多地使用键盘快捷键的方式来绘图，这会大大提升图像编辑的效率，并提高精确度
辅助工具	• 参考线在默认情况下，只在图像中出现，打印时不会显示。对于大量出现的参考线可能会影响图像编辑时的视线，用户可以通过快捷键【Ctrl+H】来切换其显示或隐藏，而不需要将其清除 • 合理利用对齐命令和参考线命令，可使园林景观图纸的排版更加精确、清晰和美观
形状选区工具	• 输入快捷键M可快速切换至矩形选框工具，按下【Shift+M】则可在矩形和椭圆选框工具之间切换。同样，也可用【Shift+L】快速在套索、多边形套索和磁性套索工具之间切换 • 单纯的矩形、椭圆或套索工具，很难创建精确的选区，因此需要选区间进行加选、减选或交叉选择后才能实现 • 在所有形状选框工具之间，均可实现选区间的组合，默认情况下在创建选区时，按下Shift键可执行添加到选区，按下Alt键可执行从选区中减去，同时按下Shift键和Alt键可实现选区间的交叉选择 • 在创建选区过程中，为了保证选区的精确性，需要经常放大或缩小图像窗口来绘制选框，用户可根据自己的使用习惯，选择快捷键Z使用缩放工具或【Ctrl++】的方式对图像放大缩小，并结合空格键对图像快速平移，提高绘图效率
颜色差异选区工具	• 魔棒和色彩范围在园林景观绘图过程中都是常用工具，容差的设定和合理利用加选、减选和交叉选择的选区组合，都是用好这些工具的关键 • 魔棒和色彩范围都是基于颜色的差异来创建选区，色彩范围可以创建带有羽化的选区，魔棒则不能，用户可根据实际情况合理选择工具 • 在使用色彩范围命令时，如果图像中已经有选区存在，则色彩范围命令只对已有选区内的图像进行分析处理，用户可根据此特征进行选区的细化

Photoshop 2023 技巧提示汇总	
选区基本操作	• 对已经建立的选区可以在当前文档窗口中任意移动，也可将其移动至其它打开的图像文件中，只需单击并拖动选区至其它图像文件选项卡，当切换至图像窗口后，将指针指向需要放置选区的位置，松开鼠标即可 • 在 Photoshop 2023 中，实现选区的创建方式有很多种，用户需对各种选择工具及其加选、减选等组合方式非常熟悉，才能在不同情况下快速想到哪种方式更为方便合理，从而提高效率 • 当图像窗口中创建了大量选区时，有些图像的细节效果可能会被选区遮挡或影响其显示，此时可按下【Ctrl+H】暂时隐藏选区，非常方便
选区编辑	• 当对较小的选区执行羽化时，如果羽化半径数值设置过大，会弹出"警告"窗口，这是因为设置的羽化半径已经超出了选区本身的像素范围，只需将半径值改小即可 • 在执行"变换选区"命令时，只是对当前的选区进行放大、缩小或旋转操作，而选区内的图像不会发生任何变化
钢笔路径选区	• 在对具有曲面的图像创建选区时，利用钢笔工具创建路径并转换为选区的方式是最为适合的，因为它可以创建平滑的曲线 • 利用快速蒙版模式创建选区可结合多种工具进行，功能十分强大，是创建精确复杂选区最为有效的途径
移动工具	• 按下 Alt 键的同时进行移动工具操作，可进行复制。当针对图层图像时，复制会产生新的图层，当针对选区中的图像时，则不会有新建图层产生 • 将一个图像拖动至另一个图像文件时，可按下 Shift 键操作，会使拖入的图像自动位于当前文件的中心位置 • 在使用移动工具时，可以通过鼠标拖动放置位置，也可以通过按键盘上的方向键，上、下、左、右，来细微地调整移动位置，如果按下 Shift 键再按方向键，则会以 10 个像素为单位的移动位置
撤销与恢复	•【Ctrl+Z】的快捷键组合，在实际图像编辑过程中是最为实用的撤销操作方式，连续按下【Ctrl+Alt+Z】可快速在最后两步操作间切换，也同样实用 • 在默认情况下，历史记录面板共记录 50 步操作，如果需要增加记录数量，可在菜单栏"编辑">"首选项">"性能"中，将历史记录状态数值进行调整，但过多的数量会占用系统资源，影响计算机性能，用户可酌情选择
绘画与擦除工具	• 对于画笔、铅笔、橡皮擦等工具的笔尖大小，可以通过按快捷键 [将其依次调小，也可按下] 键将其依次调大 • 在使用画笔或铅笔工具绘制线条时，在任意一点单击，按住 Shift 键在另外一点单击，可绘制两点间的直线条。在绘制过程中，结合 Shift 键还可以创建水平、垂直或 45°的直线条 • 当需要使用数位板和压感笔进行计算机模拟手绘时，可以根据所需要的效果，调整画笔面板，例如马克笔可选用方头画笔，水彩效果要调整"湿边"选项等 • 当使用橡皮擦等工具无法进行精确删除时，可先对需要擦除的区域创建选区，再进行擦除，或直接按下键盘删除键 Delete 来删除

Photoshop 2023 技巧提示汇总	
图像修饰工具	• 当使用仿制图章工具或修复画笔工具时，都需要按 Alt 键进行取样，用户可以通过菜单栏"窗口">"仿制源"来打开仿制源面板，并可在面板中对不同的取样源进行选项设置 • 涂抹工具在使用时会使边缘产生虚化，并降低图像质量，用户可以使用菜单栏"滤镜">"液化"，在打开的"液化"对话框中，进行选项设置，并可完成类似于涂抹的变形效果，但其边缘不会虚化，变形效果更多、图像质量更高 • 锐化工具是通过局部提高像素饱和度的方式，来使图像更加清晰，但使用不当容易出现失真的情况，因此需谨慎使用
填充与渐变	• 当对选区进行颜色填充时，最快捷方便的方式就是通过【Ctrl+Delete】或【Alt+Delete】填充前景或背景色，可以大大提高绘图效率 • 在填充渐变色时，按住 Shift 键拖动鼠标，可创建水平、垂直或45°角的渐变 • 使用渐变工具可以对图像进行色彩调整，在使用时往往要结合"模式"去进行，例如正片叠底、变亮、柔光、颜色等，可以在不影响图像原有细节和纹理的基础上，实现对图像颜色渐变式的调整
色相/饱和度	• 色彩三大属性中的饱和度，也被称为纯度，用于反应颜色的鲜艳程度，将饱和度调整到最低时，可得到没有颜色信息的黑白图像 • 在对图像的局部颜色进行色相/饱和度调整时，可以进行选区保护，此时创建的选区不一定非常精确，只需要保证选区内没有与所选区域颜色相近的像素即可 • 在对色相/饱和度对话框中的选项进行编辑操作时，如果对效果不满意想恢复到对话框最初的状态时，可按住 Alt 键，此时，原有的"取消"按钮会变成"复位"按钮，单击即可。此方法同样适用于其它类似的对话框中
图层基本操作	• 在图层面板的图层缩览图上右击，可弹出快捷菜单，在其中可以选择缩览图的显示方式，包括无缩览图、小缩览图、中缩览图和大缩览图 • 图层缩览图显示了该图层包含的图像内容，棋盘格代表图层的透明区域 • 在打开一张图像时，大部分情况下只有一个背景层，当需要对背景层进行编辑时，可以在缩览图右侧的文字区域右击，在弹出的快捷菜单中，选择"复制图层"，创建一个副本普通图层，也可以按住 Alt 键的同时双击"背景"图层，可快速将其转换为普通图层，方便实用 • 在图像文档之间进行图像复制时，粘贴过来的图像会自动建立新的图层。在当前图像文档中创建选区，并执行【Ctrl+C】复制，然后【Ctrl+V】粘贴，同样会自动建立新的图层 • 按住 Alt 键单击一个图层的眼睛图标 👁，可以将除了该图层以外的所有图层隐藏，再次单击，可将它们全部显示 • 在图层面板中，按住 Alt 键并拖动图层，可快速复制该图层
蒙版	• 蒙板最大的好处在于它对原图像没有任何破坏，且非常利于编辑，这会为后续可能出现的图像修改和调整带来极大的便利，也有利于提升修改效率，在园林景观效果图的后期合成和润色过程中会经常使用 • 在 Photoshop 2023 中，无法直接对背景层添加蒙版，用户可以在按住 Alt 键的同时，双击背景图层，将其转换为普通图层后即可添加

	Photoshop 2023 技巧提示汇总
填充、调整图层	• 在使用填充图层和调整图层时，如果图像中有选区，则会对应到图层蒙版中，填充或调整图层的内容只会影响选中的图像区域；如果图像中没有选区，则会影响该图层的所有图像区域 • 填充图层和调整图层都可以通过双击缩览图的方式，随时进行选项修改，非常方便。当不需要这些图层时，也可以按照与普通图层同样的方式进行删除
文字	• 在软件和系统中，内置了多种中英文字体，如果需要，用户还可以在相关网站中选择并下载更多的字体文件，并将其拷贝至系统字体文件夹内即可，系统的默认字体文件位于C:\Windows\Fonts文件夹下 • 对已经创建的文字内容进行选取时，可以使用单击并框选的方式，也可以在文字区域双击选择相邻文字，三击选择该行所有文字，四击选择该段落所有文字，按快捷键【Ctrl+A】则会选择全部文字 • 对已经创建的文字，用户除了使用常规文字工具对其进行编辑外，还可以按快捷键【Ctrl+T】对其进行自由变换，可以以定界框的方式对文字进行缩放、旋转、翻转等操作 • 创建后的文字可以通过菜单栏"文字">"创建工作路径"或"转换为形状"，将文字转换为路径或形状图层 • 在图像中创建文字后，会自动建立文字图层，当有些命令和效果无法作用于文字图层时，则需要将文字图层进行栅格化，将其转变为普通图层，可通过菜单栏"文字">"栅格化文字图层"来进行，删格化后的文字图层将不能再使用文字工具对其进行编辑
矢量工具	• 路径是矢量对象，不包含任何像素，没有经过填充或描边的路径，在打印时不会显示出来 • 在使用钢笔工具绘制直线路径时，可以按住Shift键，即可绘制水平路径、垂直路径和45°角的直线路径 • 路径和选区，可以通过"路径"面板中的选项操作进行互相转换，这一特征在实际图像处理时非常实用
滤镜	• 在使用滤镜前，可对需要创建滤镜效果的选区进行羽化处理，即可创建具有柔和边界的滤镜效果，减少选区滤镜效果的突兀感 • 按快捷键【Ctrl+F】可重复执行上一次的滤镜，但不会弹出选项对话框，无法进行参数设置；如果需要设置，则需按【Ctrl+Alt+F】键 • 在使用滤镜的过程中，如果需要取消操作，按下快捷键Esc即可 • 外挂滤镜的安装方式与普通软件类似，但需要安装或拷贝在Photoshop的Plug-in目录下，然后重新启动软件即可使用

附 图

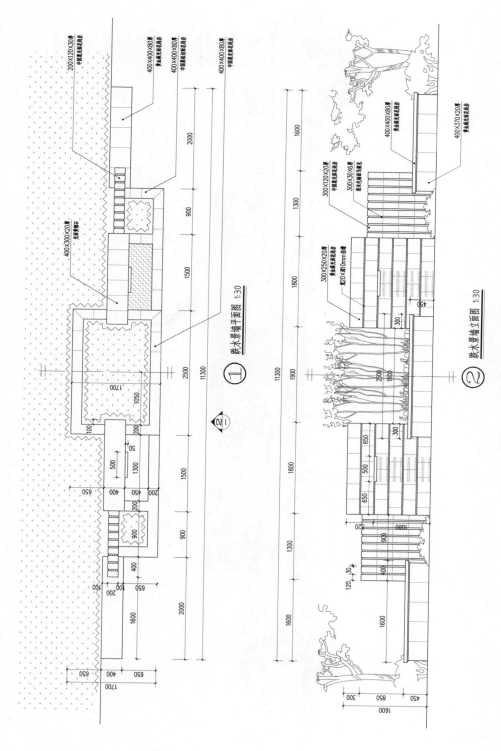

附图1 跌水景墙平面、立面图

附 图 207

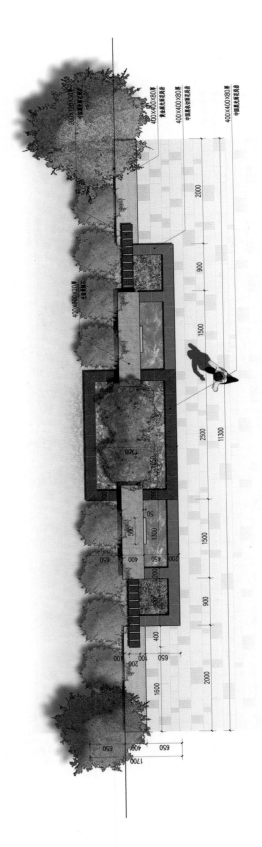

附图2 跌水景墙平面图

附图3 跌水景墙立面图

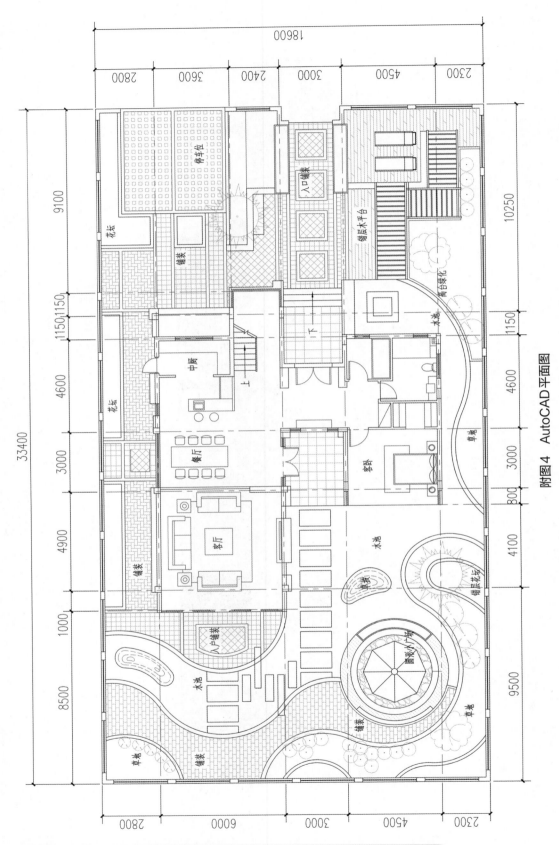

附图 4 AutoCAD平面图

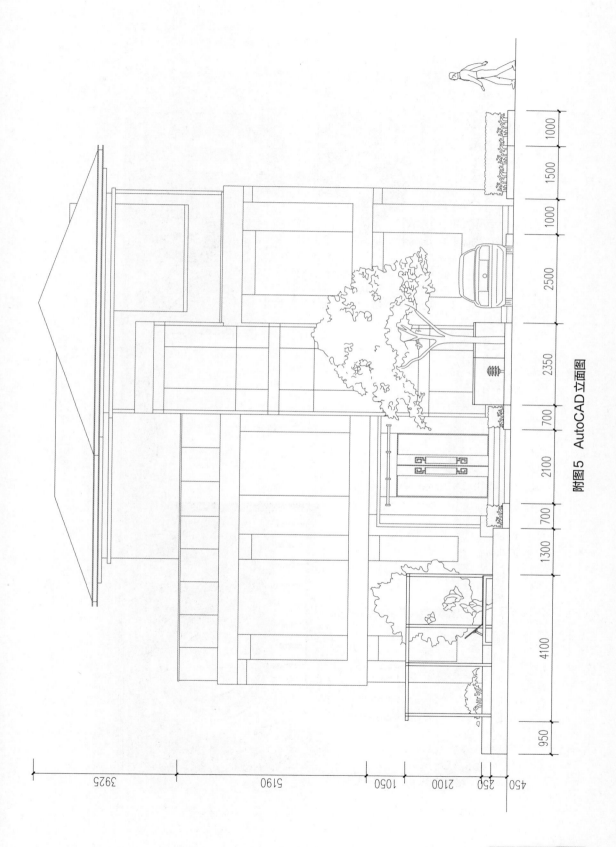

附图5 AutoCAD立面图

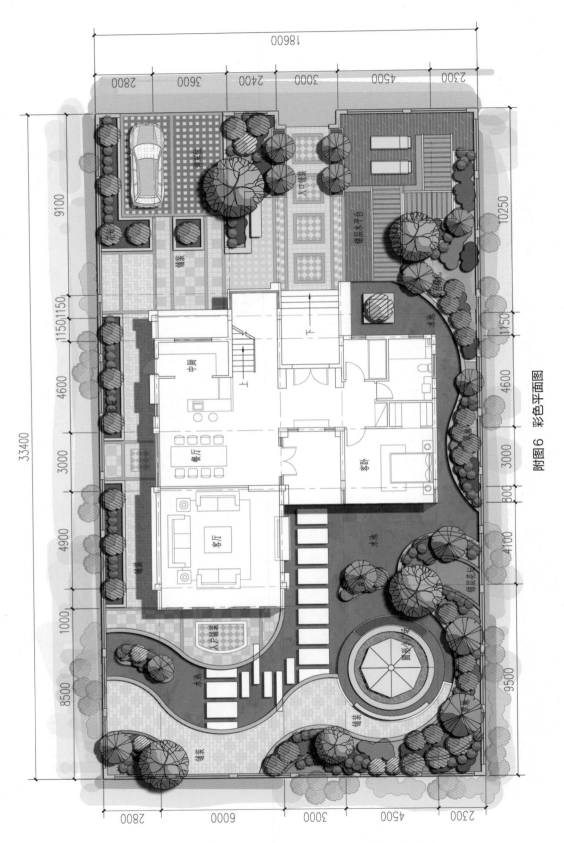

附图6　彩色平面图

附图7 彩色立面图

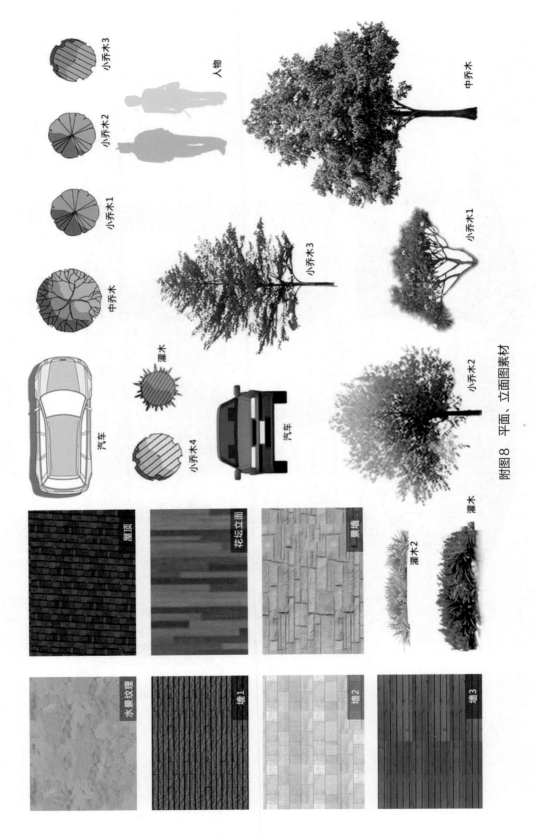

附图 8　平面、立面图素材

附图9 效果图

附图10　交通流线分析图

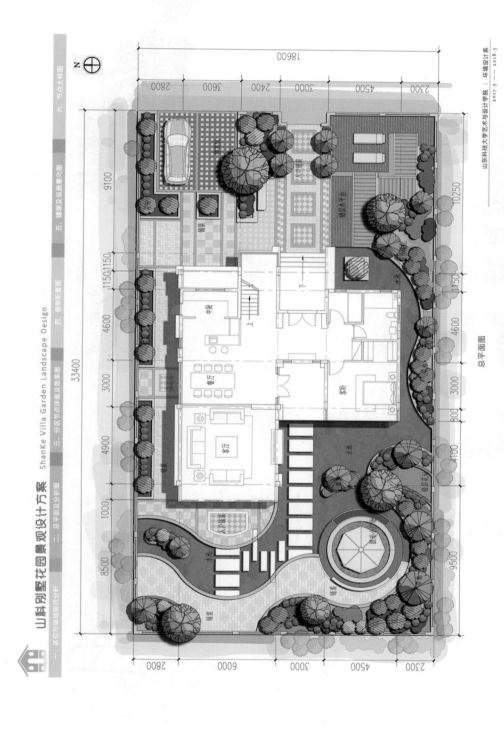

山科别墅花园景观设计方案 Shanke Villa Garden Landscape Design

附图11　A3文本排版——总平面图

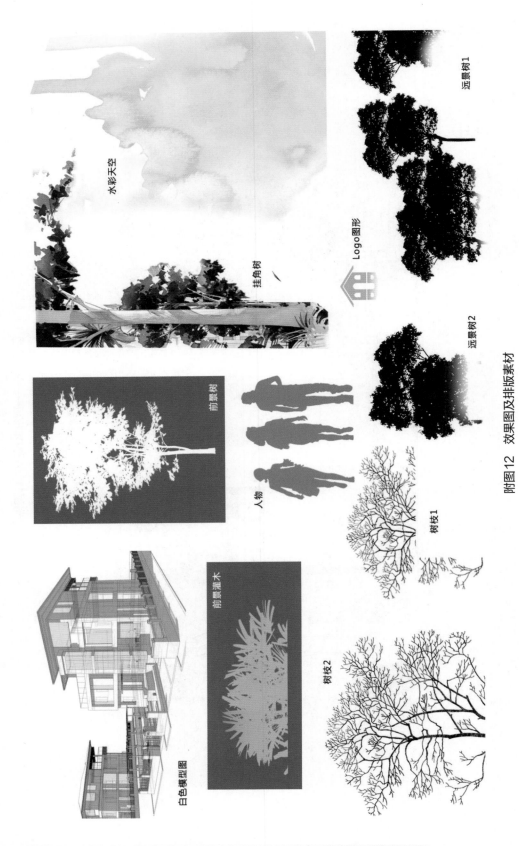

附图12 效果图及排版素材

水彩天空

挂角树

前景树

人物

白色模型图

前景灌木

远景树1

Logo图形

远景树2

树枝1

树枝2